交通与科学系列读物之三

飞机与空中交通工具的故事

主　编／李　敏
执　　笔／姜易晨　林原平
　　　　　谭雪冰　洪　宇
交通顾问／张庆华
资料提供／徐一鸣　李　凯

大连出版社
DALIAN PUBLISHING HOUSE

目录 1
CONTENTS

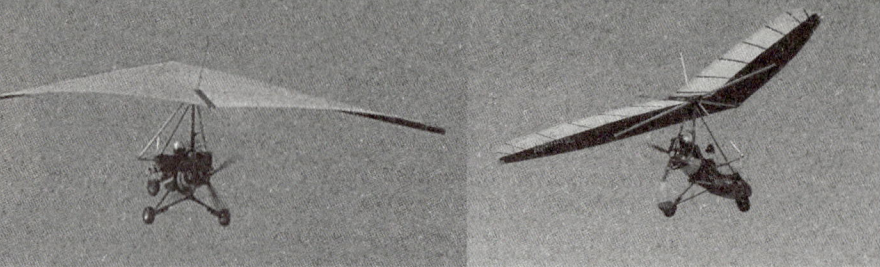

中国人的飞天尝试

1. 书写飞行历史的第一页 /2
2. 世界上最早的一次"跳伞" /3
3. 风筝起源于中国 /4
4. 风筝的应用与流传 /5
5. 滑翔运动的创始人 /6
6. 葛洪发现翱翔的秘密 /7
7. 热气球的鼻祖 /8
8. 老资格的竹蜻蜓 /9
9. 世界上第一架人力飞机 /9
10. 最早出现在中国的飞机 /11
11. 我国第一家飞机制造厂 /11
12. 第一位制造飞机的中国人 /12
13. 第一位上天的中国妇女 /14
14. 孙中山主张"航空救国" /15
15. 宋庆龄与"乐士文"号 /16
16. 空军女司令 /17
17. 新中国的第一架飞机 /17
18. 共和国第一位飞机设计师 /19
19. 直升机工业从仿制起步 /20
20. 旧中国的民航业 /21
21. 新中国的民航业 /23
22. 大飞机制造之路 /25

飞向蓝天的梦想

1. 达·芬奇的奇妙设想 /28
2. 倒霉的幸吉 /30
3. 热气球升空表演 /30
4. 载人热气球的第一次飞行 /31
5. 杰克·查理研制氢气球 /32
6. 热气球走向现代 /34
7. 自天而降的英雄 /35
8. 后来居上的美国人 /36
9. 罗伯特兄弟的"飞鱼" /36
10. 第一次北极探险飞行 /37
11. 空气动力学之父 /39
12. 真正成熟的滑翔机 /41
13. 滑翔机进入黄金时代 /43
14. 世界上第一架飞艇 /44
15. 飞艇发展的黄金年代 /45
16. 飞艇的"末日" /46
17. 空中"巨鲸" /46
18. 创造神话的齐伯林 /48

飞机时代的到来

1. 马克沁的巨型蒸汽飞机　/52
2. 兰利的"悲剧"　/53
3. 莱特兄弟梦想成真　/54
4. 半路出家的航空理论家　/58
5. 飞越多佛尔海峡　/60
6. 杜芒与"蜻蜓"型飞机　/61
7. 容克斯的创举　/62
8. 米格内特的家庭飞机　/63
9. 飞机轮胎制作大王　/64
10. 喷气式飞机的先行者　/66
11. 第一架喷气式飞机　/67
12. 惠特尔奋起直追　/68
13. 哈维兰与喷气式客机　/69
14. 直升机的诞生　/72
15. 现代直升机之父　/73
16. 谢尔伯和旋翼飞机　/76

航空史上的传奇

1. 航空全才包德温　/78
2. 第一个完成纽约巴黎直航的飞行员　/80
3. "神秘的飞机大王"　/81
4. 巾帼英雄伊哈特　/86
5. 齐格勒与空中客车公司　/88
6. 亡命于飞行的亿万富翁　/90
7. 第一位特技女飞行员　/92
8. 第一次世界飞行竞赛　/94
9. 播撒种子的飞行竞赛　/95
10. 穿越国家的飞行　/96
11. 欧洲巡回赛与环英巡回赛　/97
12. 航空俱乐部的贡献　/98
13. 奇迹是这样诞生的　/100

蓬勃发展的民航业

1. 早期航空公司与航班　/102
2. 早期航空公司的设备　/103
3. 第一次飞越地中海　/105
4. 第一架空中定期航班　/106
5. "空中小姐"的来历　/108
6. 包机飞行与"免费"的包机　/109
7. 为集资而开办的航空邮政　/110
8. 世界各国的机场　/111
9. 空中交通管制　/114
10. 夜航与空中电讯　/115
11. 美国总统的专机　/116
12. 世界各国元首的专机　/118
13. 波音与麦道　/119
14. 波音与空中客车的恩怨　/123
15. 一蹶不振的"协和"　/125
16. 不幸的图-144　/127
17. 最先进的宽体客机　/129

目录 2
CONTENTS

目录 3
CONTENTS

空难及其他

1. 第一位死于空难的英国人 /132
2. 炮火击落民航客机 /133
3. 加那利空难 /133
4. 韩国客机坠落成谜 /135
5. "黑匣子"的作用 /136
6. 利纳泰机场上的失事 /138
7. 孔戈尼亚斯机场空难的背后 /140
8. 空难频发的尼日利亚 /141
9. 特技表演失手 /143
10. 空难中的幸运儿 /145
11. 红海空难 /146
12. 轰炸机撞上帝国大厦 /148
13. 原因不明的空难 /149
14. 死于空难的名人 /151
15. 形形色色的空难 /153
16. 飞行执照和飞行考试 /155
17. 勇于冒险的小飞行员 /155

在人类探索飞行秘密的道路上，最终获得成功的是西方人，而在飞行各个领域做出最先尝试的却是中国人。中华民族的祖先在航空方面有过许许多多的成就。比如世界上最原始的降落伞、滑翔机、气球、火箭、直升机等全都起源于我们中国。此外，在现代航空上有着重要用途的指南针（又叫罗盘）和陀螺，也是在我国很早就创造出来了。这些许多发明并不是一蹴而就的，往往不是某一个人的功劳，而是连续的、渐进的，由许多人在一段比较长的时间里陆续完成的。所以，我国古代对于世界航空事业的贡献，无论从时间上还是内容上，都远远地超过了同时期的其他国家。遗憾的是，我国古代的航空知识虽然丰富，却未能发展成系统和完整的航空科学理论，从而落在一些发达国家的后面。

飞机与空中交通工具的故事

中国人的飞天尝试

墨子塑像

1. 书写飞行历史的第一页

根据史书记载我们可以得知,是中华民族的祖先写下了人类飞行历史的第一页。大约在公元前700多年前的春秋时期,我国就有人模仿鸟儿的扑翼动作,用木头做成了鸟儿,然后把它放飞到天上。

至于它的发明者,有的人说是墨子,有人说是鲁班,还有人说墨子和鲁班实际上是一个人。墨子是我国历史上墨家学派的代表人物,当时居住在今天的山东省青州地区,据说他花费了整整三年的工夫,用木头做成了一只鹞,但是只飞了一天就坏了。鲁班姓公输名般,又称公输子、公输盘等。因为他是鲁国人(今滕州人),"般"和"班"同音,古时通用,所以人们常称他为鲁班。鲁班在机械、土木、手工工艺等方面有很多发明,如曲尺、墨斗、刨子、凿子等各种木作工具,后世建筑工匠一直把他尊为"祖师"。相传鲁班用竹子做成喜鹊的样子,称为"木鹊",在空中整整飞了三天三夜。

不管它的发明者是墨子还是鲁班,反正在那个时代就有了人工做成的木鸟,而且飞上了天空,可以说这是人类研制飞行器的第一次尝试。

可惜的是,墨子和鲁班以后,制造木鸟的技艺好像失传了,史书上很少有这方面的记载。在仅有的几篇文献中,我们可以看到东汉时期发明了地震仪的张衡曾经制作出一只木鸟,身上粘着羽毛,装着翅膀,肚子中藏有机关,能够飞行数百里远。这只木鸟的制作技艺要比墨子和鲁班高明得多,可以说它是有史料可查的人类第一架飞机模型,只是不知道张衡给这只木鸟安装了什么样的机关。

到了公元600多年时的唐朝,有个叫韩志和的士兵,他善于用木头雕成鸾、鹤、鸦和鹊等各种鸟儿的形状,在这些木鸟的腹内装上机关以后,能飞到三丈多高的地方,飞出一二百步远。由于没有详细的资料保存下来,人们弄不清楚他在木鸟上做了什么手脚。

鲁班塑像

2.世界上最早的一次"跳伞"

大约在公元前2 200多年,尧帝当政的时候,有个瞽叟(瞎老头),他有个儿子叫舜(就是后来的舜帝)。舜的母亲生病死了以后,瞽叟另娶了一个年轻貌美的妻子,她就是舜的继母。继母和瞽叟生了一个孩子,取名叫象。继母喜欢象却痛恨舜,就想方设法地虐待他。瞽叟对妻子百依百顺,继母得寸进尺,竟然和瞽叟密谋,想把舜害死。

这一天,他们让舜去给粮仓涂泥。当舜爬到仓顶时,瞽叟就按照妻子的吩咐偷偷地把梯子撤走了,然后放起一把大火,想把舜烧死。就在这个危急关头,机智勇敢的舜发现仓顶上有两个斗笠,他就拉住斗笠的系绳,纵身跳到了地上,结果死里逃生。

汉朝时,皇宫里出现了类似于跳降落伞的杂耍表演。司马迁看到后,想到了舜帝的那件"跳伞"趣事,就把它写进了自己创作的《史记》中,这样一来,舜帝"跳伞"的故事就流传了下来。后来,有的史书把舜的这次"空降"说成是关于降落伞减速原理的最早应用,并且把舜称为降落伞的鼻祖。不过,也有专家学者反对说,舜的时代伞还没有发明出来,把他的那次"空降"行动说成是跳伞,实在有点儿牵强。

有不少专家学者认为,南宋淳熙七年(1180年)的那个偷窃金鸡的贼,才真正完成了"跳伞"行动。这是怎么一回事呢?原来,当时的广州建造了一座清真寺,在高高的寺顶塔尖上安置了一只人见人爱的金鸡。不久,这只金鸡被人偷走了。人们都感到很奇怪,塔那么高,偷窃金鸡的贼是怎么逃走的呢?后来,窃贼被抓到了,他招供说:他在偷窃时先备好了两把雨伞,金鸡偷到手后,便乘着一阵大风刮过时,张开两把雨伞,落到了寺院外的地面上,身体一点儿也没有受到损伤。

广州市的怀圣寺是中国现存最古老的清真寺之一,相传唐贞观年间由阿拉伯人阿布·宛葛素所建。

中国人的飞天尝试　3

3. 风筝起源于中国

风筝是中国人的发明,这一点已经是确切无疑的了。作为休闲娱乐的玩具,人们都非常熟悉风筝,但是如果你有机会参观美国国家航空航天博物馆,这小小的风筝就会让你刮目相看。那里有一间飞行器展室,挂着一块醒目的牌子,上面写着这样一行字:"世界最早的飞行器是中国的风筝和火箭。"

英国著名学者李约瑟博士认为,风筝为人类科学事业所作出的贡献,并不亚于我国古代的"四大发明"。所以,他郑重其事地将它编入了《中国科学技术史》当中。

但是,风筝究竟是怎样出现的,它的发明者是谁呢?现在还没有得出一致的结论。比较普遍的说法是,最初的风筝是人们受到飞鸟的启发做出来的。墨子当年制造的那只"木鹞",就是中国最早的风筝,也是世界上最早的风筝。也有的传说认为,风筝起源于古老的防雨防暑的器具——斗笠。人们将斗笠戴在头上时,为了防止被风刮走,就拴上一根系绳。据说在很久以前的一天,一位农夫正在田里耕作,忽然狂风大作,卷起了他的斗笠。农夫赶忙去追,一把抓住了斗笠上的系绳。恰巧这根系绳很长,斗笠便像风筝一样在空中向前飞去。事后,这位农夫觉得很有趣,就经常在村民们面前表演放斗笠,渐渐地就演变成了放风筝。

在我国的台湾和海南岛等地区,有一种说法认为,放风筝来源于放树叶。古时候的人们看到风

知识链接

风筝为什么能飞上天?

放风筝时,人要牵着风筝线,迎着风奔跑。这时候,风吹在风筝的"身体"上,就会产生一个向上和向后的力量,地面上的牵引克服了一部分向后的阻力和一部分向上的升力,余下的向上的升力支持住风筝的重量,使它上升,余下的另一部分拉力则使风筝向前飞翔。只要风筝的线足够长,风筝就可以飞得很高很高。风筝的下边还拖着一个长长的尾巴,它不是为了好看,而是为了使风筝在空中飞行得更加平稳。

卷着树叶满天飞,觉得这一定是神力在起作用,非常崇敬,就尝试着用麻丝等拴着树叶,让风把它吹向空中,这个活动就逐渐演变成了放风筝。台湾的高山族人、海南岛的黎族人,早年真的就是用面包树的叶子当风筝放的。

在我国江河湖海地区有不少人认为风筝起源于船帆。相传大禹时就已经有了带帆的船。帆固定在船上,借助风力可以鼓胀起来,于是有人就仿照帆的样子,扎起风筝放飞玩。

而在我国的北方,特别是草原地区,还有一种说法认为,风筝起源于蒙古族的帐篷。遇到刮大风的时候,没有被固定住的帐篷会被风刮到空中。有人受到这个现象的启发,就发明了风筝。

4.风筝的应用与流传

风筝在中国出现后,早期的制作材料是千奇百怪,五花八门。随着丝织业的发展,到了秦汉之交,出现了丝制的风筝,重量一下子减轻了不少,飞得更高了。由于丝绸在当时非常昂贵,所以一般人只能无限羡慕地看着天上的风筝,根本无望拥有。到了五代时期,有个叫李邺的人发明了用纸质材料做的风筝,从而使风筝在民间的流行变为可能。尤其是唐代建立后,社会出现了安定繁荣的局面,我国将寒食和清明两个节日合二为一,扫墓、踏青、荡秋千、蹴鞠、打马球、插柳条等风俗迅速兴起,放风筝更成为人们所喜爱的一种娱乐活动。"儿童散学归来早,忙趁东风放纸鸢。"这句古诗中的"纸鸢"就是风筝。

后来,风筝又在战场上和其他方面派上了用场,被当成通讯和侦探的工具。火药出现后,人们又把它和风筝结合到一起,用作进攻的武器。相传在楚汉相争的最后阶段,张良借大雾迷漫之机,放起一个丝制的大风筝,让吹箫童子卧在上边,吹奏楚歌,同时命汉军在四面唱起楚歌,使楚营官兵思乡心切,不战而散。

还有一个传说,西汉初年,韩信准备"谋反",他想挖地道进入未央宫,就做了一个纸鸢放出去,目

中国人的飞天尝试

西方人制造的悬挂式滑翔机

的是测量距离远近。

公元549年(梁太清三年),叛将侯景围困南梁首都金陵的台城,为了搬取救兵,太子萧纲与大臣羊侃将诏书绑在纸鸢上,放到城外,可惜被敌军射了下来。这是有史料可查的风筝首次用于军事行动。

唐建中三年(782),临洺守将张伾遭到围攻,曾放出风筝升高"百余丈",向外界求救。由于信息传递及时,援军及时赶到,这才解了临洺之围。

公元13世纪,意大利人马可·波罗从中国返回欧洲,风筝开始在西方传播开来。这种能飞上天的玩意儿引起了很多科学家的注意,他们尝试着用它研究气象,帮助救援遇难船只。风筝也引起了发明家们的极大兴趣,风筝采用固定翼、拉力和升力分开的方法实现升空飞行,这使他们大受启发。

1804年,美国的一位叫凯利的人用风筝作为机翼,制成了一架固定翼的滑翔机模型,后来又制成一架可乘人的风筝滑翔机,用绳子牵引起飞。美国的莱特兄弟在发明飞机的过程中,也曾用放风筝的方法来研究他们的飞机。正因为有这样一个过程,所以人们公认风筝不仅是最原始的飞行器,也是现代飞机的祖先。

5.滑翔运动的创始人

据《汉书》记载,西汉末年,王莽当上了皇帝以后,到处网罗天下异能之士。有一个猎人收集来许多大鸟的羽毛,制成了一对大翅膀,还用羽毛做了一件披风。他声称自己能够一日飞行千里,去窥探匈奴人的动静。王莽将信将疑,就让他当众表演一下。只见他用绳子把那件披风捆在身上,头上和身上都黏了不少羽毛,然后登上一座高塔,将双臂伸进翅膀上端的棕索环扣中。王莽一声令下,他就纵身从塔上跳了下来。他真的像老鹰那样滑翔了几十米,只是落地时受了重伤。

尽管这位不知名的猎人没有获得完美的成功,但是他却创造了人类历史上第一次飞行纪录。到了近代,出现了滑翔运动,还有人把他当作这项运动的创始人。

> 宋朝时,中国人利用风筝的原理,制作出带助推火箭的滑翔炸弹,取名为"神火飞鸦"。

知识链接

鸟儿为什么能飞上天？

6. 葛洪发现翱翔的秘密

东晋时我国出了一位有名的炼丹家，名叫葛洪，他在航空理论方面有一个突出的建树，那就是第一次认识到了翱翔的原理。他经过长期观察鸟类的飞行后指出，飞鸟舒展两翼，不扑不扇，而能盘旋上升，那是依靠上升气流的缘故。他把这种上升气流称为罡气。

我们现在都知道，地球上的空气不是静止不动的，空气变热后会上升，变冷后就会下降。对于鸟儿来说，只要能在空中找到气流，不管是上升气流或下降气流，都能提供足够的动力。在有山的地方，你常常可以看到老鹰从山顶那边飞来，在一个地方盘旋着升高，而后"悬"在空中，这就是它利用了一股上升气流的力量。上升气流升到一定高度，势头就会减弱，老鹰得不到上升气流的有

葛洪塑像

人为什么不能像鸟儿那样飞上蓝天呢？最初人们以为，这是因为人没有长翅膀，直到很久以后，人们才终于明白了其中的道理。人即使装上翅膀，还是不能够像鸟儿那样飞上蓝天。鸟儿的身体外形呈流线型，飞起来中间大两头小，这样在空气中运动时所受阻力最小，有利于飞翔。在飞行中，鸟儿的腿紧紧地收缩在腹下，翅膀不断上下扇动，用力向下扑打着空气，这样就会产生一种力量，只要这种力量大于地心对鸟儿的吸力，它就能飞起来。鸟儿的胸部肌肉很发达，能够使翅膀持久地上下运动。人如果按比例装上翅膀，那么胸前的肌肉至少得有一米厚。另外，鸟儿的骨头薄而轻，而且是空心的，里面有气囊，气囊里面能贮存空气，这种独特的结构既减轻了体重，又增加了浮力。相比之下，人就差远了。人的骨头占体重的18%，而鸟儿的骨头仅占体重的5%左右。人类要想像鸟儿那样飞上蓝天，就必须借助于适合的工具。

中国人的飞天尝试

力支撑，就开始向下滑翔。这时候如果能再找到一股下降气流，老鹰就能滑出很远一段距离。

现代运动的滑翔机，就是根据这种仿生学原理制成的。运动员可以根据地形，巧妙地利用气流进行滑翔运动。

7.热气球的鼻祖

大约在三国时期前后，中国人就制造出了能够飞上天空作为信号使用的蜡烛灯笼，在当时的淮南地区，有人往空鸡蛋壳内灌注热气，做成能在大风中飞行的气灯。相传就是在这个基础上，蜀国的丞相诸葛亮（字孔明）发明了松脂灯。这种灯用很细的竹篾做成骨架，外面糊一层薄纸，连顶上也封住，只在下边留一个小口，然后把一个盛满了松脂的小瓦碟放在灯里。松脂点着后，加热了灯内的空气，松脂灯就会慢慢地升入空中。直到松脂烧光了，空气冷却下来，它才会慢慢地落下来。松脂灯挂在空中，就像现代的信号弹一样，可以作为夜间军事行动的信号。后人为了纪念诸葛亮，就把这种松脂灯叫做孔明灯。

到了公元900多年的五代时期，又出现了用松脂燃烧加热空气的"松脂球"，当时也叫"飞灯""天灯""云球""灯球"等。有位叫莘五娘的人，跟随丈夫入闽作战，曾用竹篾扎成大灯，点燃松脂加热空气，将大灯升入空中当作军事信号。

直到现在，我国一些地方过春节时，还有放孔明灯的习俗。它的外边用红纸糊住，四周封闭，里面点上蜡烛。蜡烛点燃后，灯内的空气变热，比外界冷空气轻，冷空气产生浮力，灯笼就会自动地徐徐上升。热气球能够升空，就是应用了同样的原理，只不过热

> 每年农历正月的花灯节，我国许多地方的人常常会看见这样一种花灯，灯内不停转动着纸人、纸马，这就是我国在1 000多年前发明的走马灯。它的转动原理与现代航空上广泛应用的燃气涡轮的原理是相同的。

气球内部充的不是一般的空气,而是比空气还要轻的氢气或氮气。

可惜的是,孔明灯这种很有中国特色的发明未能传到外国去。直到诸葛亮死后1700多年,欧洲人才根据同样的原理发明了热气球。不过,外国许多专家和学者们都承认诸葛亮是热气球的鼻祖。

8. 老资格的竹蜻蜓

竹蜻蜓是小孩喜爱的一种能飞的玩具。它用一片竹片削成像风扇叶片那样的形状,中间钻个孔,插上一根细木棒,就制成了一个竹蜻蜓。双手搓细木棒,使它快速转动,就能产生向上的升力,突然一松手,它就能飞上天去。竹蜻蜓很早就出现在了我国,至于它的发明者是谁,是在什么时间发明的,由于没有历史记载,现在已经无从查起。

东晋时的葛洪写过一本书叫《抱朴子》,这是一本专门介绍炼丹方法的书,但是其中也有一些其他方面的记载。对今人来说比较有价值的是,他在这本书中不仅详细地描绘了竹蜻蜓垂直升空的情景,还探究了它之所以能够升空的原理,从而被认为是世界上最早的对垂直起降直升机基本原理的描述。大概在明朝时,竹蜻蜓作为玩具传入欧洲。欧洲人正是见到了竹蜻蜓,才发明出了直升飞机。

我国古代有一本奇书名叫《山海经》,里边保留了很多神话传说,其中说到一个奇肱国,那里的人都长着一只胳臂三只眼

9. 世界上第一架人力飞机

睛。奇肱国民心灵手巧,根据当地多风的特点,造出了一种"飞车",能够随风远行。

17世纪40年代,江苏吴县香山有个木匠名叫徐正明,他的手艺特别好,在当地小有名气。有一天,他听邻居谈起《山海经》里的故事,讲到了奇肱国的飞车,不由得心中一动:我能不能也造出一辆飞车来呢?这件事情想想容易,动手做起来可是困难重重,一无式样,二无图纸,这个飞车怎么造呢?徐正明肯动脑筋,天天在木板上画啊画啊,忘记了吃饭,忘记了睡觉,一画画了一年多,终于画出了自己觉得满意的图样。

图样画好之后,他立即动手做起飞车来,做的时候觉得哪儿不对劲就进行修改,

中国人的飞天尝试

直到2009年3月26日,中国人制造的第一架人力飞机"墨子号"才在上海奉贤海湾试飞成功,而徐正明制造的飞车因为没有流传下来,所以它的"世界第一"的荣誉还是有争议的。

常常做一个零件要改上百次,但是他始终没有灰心。做着做着他妻子急了,这一年多丈夫都没有出门干活,一家人吃什么呀?再不拿钱回来,过两天就揭不开锅了。

徐正明听妻子一说,只得丢下飞车,出门做工去了。半年下来,徐正明赚到了一些钱,又回到家里,重新做起他的飞车来。

几年下来,徐正明总是赚一点钱后就躲在家里敲敲打打,谁也不知道他在干什么。这一天,徐正明不在家,他妻子烧饭时看到存米不多了,而且柴火也没有了,她一狠心,就把徐正明做的飞车拆掉当柴烧了。

傍晚,徐正明从外面回来,发现自己的飞车不见了,就像丢了魂一样到处寻找,最后在灶间里找到了烧剩下的飞车,气得他半天说不出话来,和妻子狠狠地吵了一架。吵过以后,徐正明重打锣鼓另开张,又一次做起飞车来。

这样断断续续做了十几年,终于有一天,他把飞车造出来了。飞车的样子好像一把罗圈椅,下面有机关,有齿轮,人坐在椅子中,用两只脚用力踩踏下面的踏板,上面的风车就会飞快地转起来。风车一转,就带动椅子飞起来,离开地面一尺多,能从河这边飞到河那边去。

飞车做出来了,可是徐正明并不满足,因为它飞得太低了。他决心造出一辆更好的飞车,他想让它飞过楼房,飞过太湖,一直飞到苏州城里。可惜的是,就在徐正明想进一步改进飞车的时候,劳累过度的他病倒了,不久以后就带着他的飞车梦离开了人世。

徐正明死后,看着徐正明留下的飞

2006年7月8日下午,浙江衢州市农民徐斌自己动手制造的自动旋翼机在轿车的牵引下,由慢变快在地面上滑翔了150米后,终于飞上了蓝天,并在天上翱翔了25分钟。

车,他妻子越想越气,都是这飞车耗尽了徐正明一生心血,害得一家人生活贫困,于是她操起斧头,把飞车劈开当柴烧了。

徐正明制造的飞车是世界上第一架人力飞机,比俄国工程师1791年制造出来的人力飞车整整早了一个世纪。又过了100多年,德国人和意大利人才先后制造出了轻型的人力飞机,一架离地飞行了40秒,另一架飞行了1分钟。

10. 最早出现在中国的飞机

1911年3月,清政府驻英大使刘玉麟按照陆军部右侍郎荫午楼的电示,以6万元银币的价格,从英国买回了一架飞机。运到北京后却找不到会驾驶飞机的人,只好作为展品摆在那里供达官贵人观赏。这是中国政府最早向外国购买的飞机。

在此之前,清政府曾于1910年8月拨款委派从日本留学归来的刘佐成和李保两个人在北京南苑修建制造飞机的厂棚。到了第二年的6月,他们真的制造出了一架飞机,但是在试飞时不幸坠毁。这是近代我国首次试制飞机。

1911年春天,由法国学习飞行归来的秦镛驾驶着"高德隆"式双翼机在北京南苑上空成功地进行了飞行表演。这是中国人第一次驾驶飞机在祖国上空飞行。

"高德隆"GIII型教练机

此外,从1911年到1912年,有不少外国飞行家携带飞机来到我国进行飞行表演,其中法国的环龙在1911年5月6日做飞行表演时,因为飞机失速下坠,造成机毁人亡。他是在我国空中遇难的第一位外国飞行家。

11. 我国第一家飞机制造厂

1918年,北洋政府海军部在福州马尾设立飞潜学校,又在海军船政局设立海军飞机工程处(1982年改名为海军制造飞机处),由留学归来的巴玉藻等人负责制造飞机,同时兼管飞潜学校的教学工作。

制造飞机所用的钢、铝等金属材料以及飞机发动机等,当时中国不能生产,只能采用外国货。其他材料如木材等,主要采用的是福建产的杉木、樟木、白栗木和白梨木等。飞机蒙布材料经过试验的有20多种,由于国产绸布蒙到飞机骨架上之后,一遇潮湿天气就会松弛而产生皱纹,所以最后还是采用了外国的爱尔兰麻布。保护木质材料的油漆是我国的特产,当然要比外国货好,如当时制成的杉木机桴,就是先上两遍桐油,再上一遍生漆,最后加上一层推光漆,不仅光亮好看,阻力小,寿命长,还不渗水。1929年夏天,在杭州西湖博览会期间,中国自制的水上飞机和相似的

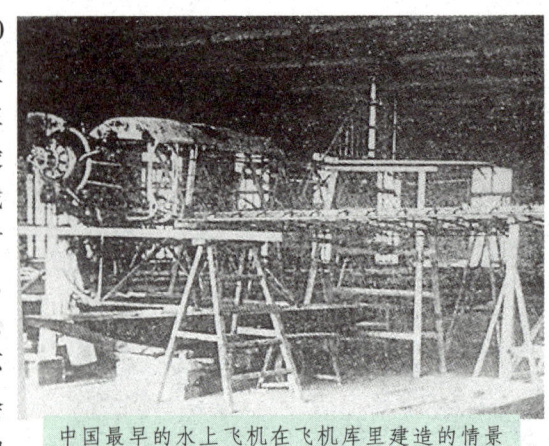

中国最早的水上飞机在飞机库里建造的情景

外国飞机同时停泊在西湖水面上,过了两个月后再检查,发现外国造的木桴浸水处油漆已脱落,木板渗水严重处已腐朽,用手可以撕下来。而我国造的木桴里面干无滴水,外表光洁如新。

海军制造飞机处因为经费不足,发展缓慢,忙活了10多年,只建成了一个装配车间、两座飞机库和一所办公室。有一年,还因为没有经费而停工8个月。就是在开工的情况下,每年也只能造出一两架飞机。从1919年至1930年,海军制造飞机处一共制造了14架各型飞机。

海军制造飞机处是我国历史上第一个正规的飞机制造工厂。它在制造杉木机桴方面很有经验。当时它所制造的飞机,大部分都是等翼展的双翼双桴水上飞机,只有少量的不等翼展的双翼机和飞船。这些飞机的性能,和同时期生产的外国飞机不相上下。

12.第一位制造飞机的中国人

1903年,美国的莱特兄弟发明了世界上第一架飞机。消息传出,震动了一位名叫冯如的旅美华侨。事隔不久,沙俄和日本为了抢夺东北三省在中国的土地上大打出手,祖国人民饱受灾难。冯如非常难过,他心里想,要是能有千百架飞机守卫祖国的领土,那些可恶的侵略者就不敢对中国轻举妄动了。从此,冯如立志要学会制造飞机的技艺,来报效祖国。

冯如是广东恩平人,他出生在一个家境贫寒的农民家庭里,从小就喜欢动脑筋,做些精巧的小玩意儿。16岁那年,在美国做生意的舅父劝他去美国谋生,他父母舍不得孩子前往异国他乡,冯如却说:"大丈夫应该以四海为家,我不愿意一辈子守在家乡!"于

是，冯如就来到了美国的旧金山做工。当时美国的工业发展得很快，冯如觉得，中国要想像美国这样富强，就必须能够自己制造机器。从此，冯如白天做工，晚上刻苦学习，用省吃俭用攒下来的钱，买了许多机械学方面的书。几年下来，他成了一名精通机械和电器技术的专家。他先后研制出了抽水机、打桩机、发电机、有线电话和无线电报机等先进的机电设备，在当地颇负盛名。

冯如塑像

冯如研制飞机的道路很不平坦，他做过无数次试验，都失败了。有一次，他在试飞中飞机从空中突然坠落，差一点儿丢掉性命。但是挫折和危险都没能使他退却。这件事情在美国华侨中间传开后，大家不仅赞赏他的抱负，还给予他很多经济上的支持。

1907年，一家由华侨创办的飞机厂在旧金山以东的奥克兰开工。1909年又正式成立了广东飞行器公司，冯如任总工程师。就在这一年的9月，中国人自己设计、自己制造的第一架飞机问世了。它与莱特型飞机相似，也是双翼，发动机安装在下翼中央，但改进了着陆装置，起落架末端安装着四个轮子。冯如把这架飞机命名为"冯如1号"。1909年9月21日，"冯如1号"在奥克兰的派德蒙特试飞成功，这件事情立刻轰动了整个美国，旧金山市《星期日呼声报》竟用整版通栏大标题"他为中国龙插上了翅膀"报道了这件事，还用巨龙、"冯如一号"和冯如的画像作为套题照片，详细介绍了冯如其人其事。正在美国开展革命工作的孙中山先生听到这个消息后高兴地说："爱国救国的志士，真是大有人在啊！"

1910年10月，国际飞行协会举行比赛，冯如驾驶自制的飞机，以高度210米、时速105千米、飞越32千米的成绩取得了这次国际飞行比赛的冠军，同时荣获美国国际航空学会颁发的甲等飞行员证书。

冯如（坐者）与他研制的飞机停在广州燕塘机场

航空在当时是新兴的事业，欧美各国都不惜重金收罗人才。为了能把冯如留下来，美国人向他开出了令人炫目的高额薪金，但是冯如不为所动，毅然于1911年2月带领助手和两架飞机回到中国。辛亥革命后，冯如被孙中山委任为飞行队长。

1912年8月25日，冯如在广州燕塘为群众做飞行表演时，由于飞机搁置

中国人的飞天尝试

得太久,没有得到很好的保养,部分零件失灵,再加上操作时用力过猛,致使飞机失速坠地,冯如献出了年轻的生命,那一年他才29岁。在弥留之际,冯如还勉励他的助手说:"不要因为我的死而影响了你们的进取心,这种事情就必然会发生的。"

冯如遇难后,根据孙中山的指示,他的遗体被安葬在黄花岗七十二烈士墓左侧,他还被追授为陆军少将,并立碑纪念,墓碑正面篆刻着"中国始创飞行大家冯君如之墓"的字样。

冯如墓

13. 第一位上天的中国妇女

1915年8月9日,一位名叫洪美英的中国女青年,乘坐由我国早期飞机工程师谭根设计、制造并亲自驾驶的水上飞机飞上了蓝天。

洪美英是广东番禺人,她的父亲洪孝充是香港《循环日报》编辑。洪美英在少年时就跟随她的大姐加入了同盟会,青年时代学过医。新中国成立以后,洪美英进入杭州市妇联工作,曾被选为杭州市人民代表,1973年病逝。

当时飞机发明不久,质量并不过关,一位青年妇女竟然敢冒生命危险搭乘飞机,成为第一位飞上天的中国妇女,应该说,这是值得纪念的英雄行动。

香港的《华字日报》详细报道了这次飞行的情况:那天,谭根向人们表演由他设计和制造的水上飞机的飞行情况,到场围观的人大约有3 000人之多。下午3点05分时,谭根的表演开始了,第一次是贴着水面飞行。有记者形容谭根驾驶的飞机在水面上"如履平地,其行如飞,欲前则前,欲退则退"。第二次是由水面起飞,围绕附近山边旋转了一周,约有1 500来米的距离,然后回到了原处。第三次飞行时,一位英国军官让自己8岁的儿子坐上飞机,进行了一次天上旅游。第四次飞行时,有位中国男医生坐上飞机也要过一把飞天的瘾,可是飞机只飞了100多米就降落了。谭根向大家宣布说:这位男士太胖了,多了两公斤,所以飞不起来。围

20世纪30年代,广州妇女走上街头推销纪念章,为"救国飞机基金"筹款。

飞机与空中交通工具的故事

观的人们哄堂大笑。

就在这时候,一位姑娘站了出来,她提出要搭乘飞机上天。围观的人们顿时热烈地鼓起掌来,掌声几里地以外都听得见。这一次,谭根带着洪美英高高地飞了大约1 000多米,历时6分多钟,围观的人们无不为之而欢呼。等到飞机降落时,男士们都脱掉头上的帽子向洪美英表示祝贺,在场的中外记者争先恐后地为洪美英摄影。有人说,谭根这次表演在中国是空前的,而洪美英女士搭飞则是我国妇女界航空第一人。南洋烟草公司的总经理简照南当场向谭根和洪美英赠送了航空纪念金牌,还有一条金项链。

1923年,孙中山与宋庆龄视察广州大沙头航空局。

14. 孙中山主张"航空救国"

中国民主革命的先驱孙中山先生为了完成民主革命,外御列强,内除军阀割据,十分注重发展航空事业。他一方面大力提倡"航空救国",广泛动员国内外爱国人士投身航空事业,一方面亲自组织发展空中力量。1915年,他在日本滋贺县八日市琵琶湖畔创办了中华革命党飞行学校,从华侨中选拔有志青年学习航空技术。后来,他在广州领导革命政府期间,又创办了航空学校,并聘请外国专家教授飞行技术。同时在革命军中成立飞行队,亲自指挥这支革命的航空武装讨伐叛军。

1917年,一位来自广东香山县(今中山市)的28岁青年杨仙逸专程赶来投奔革命政府,很快便被孙中山委以重任,让他创建空军。1919年,杨仙逸在福建漳州成立了中国第一个空军飞行队并任总指挥。这个飞机队仅仅拥有四架破飞机,他不得不亲自前往美国向华侨募捐,陆续购回了10多架飞机。1920年,桂系军阀莫荣新盘踞广州越秀山,负隅顽抗,杨仙逸亲自驾机自闽返粤,在越秀山上空手掷三颗炸弹,吓跑了莫荣新。

杨仙逸墓

1921年,孙中山就任非常时期大总统后,在总统府下专设航空局,大量招募华侨航空人员报效祖国航空事

中国人的飞天尝试 15

业,并派杨仙逸和张惠长等人去美国航空学校学习。第二年,杨仙逸等人学成归国,孙中山立即任命杨仙逸为航空局局长,命他研制飞机。杨仙逸上任后,在广州大沙头建起了中国第一座飞机厂。孙中山偕夫人宋庆龄经常亲往该厂视察,并亲笔题写了"航空救国"四字,以激励飞机研制人员努力工作,早日成功。

与此同时,孙中山又致函廖仲恺,叙述他制订的《国防计划》一书,其中提到发展航空事业的内容达9项之多,如发展航空的计划、装备和训练等。

经过艰苦的努力,杨仙逸等人在非常简陋的条件下,终于研制出了第一架由中国人自行设计并在中国本土上制造出来的飞机。这是中国第一架轻型侦察机,时速可以达到120千米。

15.宋庆龄与"乐士文"号

杨仙逸等人造出了飞机后,请孙中山参加试飞仪式。那天,孙中山与宋庆龄亲临大沙头机场。试飞前,孙中山走到飞机旁,见机上有两个座位,除飞行员外,还可以坐一人,就环顾左右,问谁愿意随机试飞。宋庆龄当即表示乐意参加试飞。孙中山听了很高兴,点头表示同意。

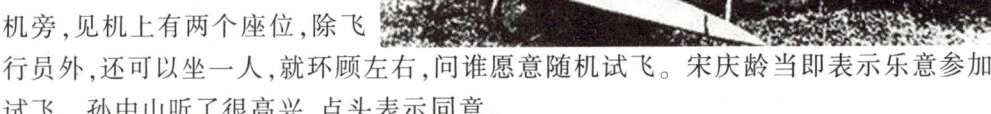

在当时的条件下,试飞这样一架国产飞机,是要冒一定风险的。但是,为了促进祖国航空事业的发展,宋庆龄从容地进入了座舱。试飞员黄光锐为宋庆龄戴上了飞行帽和眼镜,经过一番试车后,便驾机升空,飞机在机场上空绕飞了几圈后,安全降落。孙中山以及在场的文武官员们立即涌上前去,与黄光锐和宋庆龄握手,热烈祝贺试飞成功。

孙中山与宋庆龄

试飞结束后,飞机制造厂为了表达对宋庆龄勇敢行为的敬意,联名请求以宋庆龄的名字为飞机命名。孙中山答应了他们请求,决定以宋庆龄留学美国时的英文名"乐士文"(Rosamonde)命名这架飞机,并举行了隆重的命名典礼。

倍感欣慰的孙中山又为杨仙逸题写了"志在冲天"和"天下为公"两条横幅,以资鼓励。

16. 空军女司令

宋庆龄的妹妹宋美龄是蒋介石的夫人，她对于中国要整军经武，首先必须拥有高水准空军的观点深信不疑。特别是"西安事变"以后，蒋氏夫妇深感空军必须由"自己人"来领导，不能假手他人。于是，在没有合适人选的情况下，只受过音乐、文学和社会美德教育的宋美龄，把许多时间花在了阅读有关航空理论、飞机设计和比较各种飞机零件优劣的技术刊物上。她和外商洽谈，订购了价值2000万美元的产品。接着，她从采购商摇身一变成为中国航空委员会的秘书长，实际上就是中国的空军司令。对一位中国妇女而言，这是史无前例的。她独揽空军大权，不容他人染指，并带头成为严格执行空军纪律的人。她规定，凡是在这支精英队伍中行窃者，将被处以极刑。

蒋介石与宋美龄

宋美龄是一位做事讲究效率的人，她聘请了前美国陆军航空队飞行员霍布鲁克当顾问。当她得知退役的美国飞行教官陈纳德可以在短时期内把中国空军改造成像样的军种时，就立即邀请陈纳德在1937年8月正式参与中国空军的训练与作战，并且还参与指挥了上海、南京和武汉的对日空战。1938年春，宋美龄因健康原因辞去航委会秘书长职务，由其兄宋子文接任。但是她对空军的人事、采购甚至训练和作战等大权始终没有撒手，直到1949年国民党撤离南京时，她还经常在新闻稿上提及"我的空军"。她一生中最喜爱佩戴的胸针，就是金色与银色的国民党空军军徽。

17. 新中国的第一架飞机

1935年，国民党政府与意大利合作，在南昌市东南近郊建起了中央南昌飞机制造厂，机器设备是从意大利运来的，人员中意双方各出一半。抗日战争爆发后，日军经常空袭南昌飞机厂，意方人员全部撤回国内，飞机厂转移到了四川，在丛林山沟里生产出了几十架木质结构的战斗机、教练机、滑翔机和运输机。日本投降后，该厂迁回南昌。1949年新中国成立前夕，国民党军队对这个工厂进行了疯狂破坏，把主要设备和大部分人员都运往台湾，人民解放军接管时，只剩下30多台来不及运走的旧设备、4万多平方米的厂房和办公楼以及一条1500米长的碎石跑道与指挥塔台。这些就是新中国航空工业的全部家当，而新中国的航空事业只能在这样的基础上起步。

中国人的飞天尝试

1951年初，人民政府决定在这里重新建厂（当时代号为320厂），在全国人民的大力支持下，这个厂克服了许多困难，边建设，边生产，由修理飞机开始，逐步掌握技术，创造条件，而后转入制造。1954年4月1日，制造新中国第一架新型飞机（雅克18型初级教练机）的任务下达给320厂。

雅克18型飞机是苏联雅克夫列设计局在1946年试飞成功并投入成批生产的。这种飞机是构架式机身的下单翼初级教练机，为空军训练用的基本机种，还可用于农林牧业，以及邮递、国防、体育运动等方面。

为了完成这个光荣而艰巨的任务，设计人员们一边刻苦学习数学、力学等知识，一边画图纸，核对图纸。生产飞机零部件的工人更是加班加点，夜以继日。进入总装的攻坚阶段后，装配车间开展了紧张的劳动竞赛，土法上马，解决了一个个棘手的技术难题。这架仿造飞机装用的一台爱姆11型发动机，是由我国自己生产的。最后，全厂比原定计划提前一年零两个月完成了任务。

1954年7月3日下午5时15分，试飞员段祥禄与刁家平登上新中国第一架自制飞机。试飞结果表明一切正常。他们又试飞了13个小时，进行了14个起落，还是一切正常。根据国家鉴定委员会做出的结论：320厂制造的雅克18型飞机性能符合技术条件规定的要求，可以成批生产。

1954年7月26日，这是我国航空工业史上划时代的日子。在雄壮的国歌声和鞭炮声中，320厂全体职工在飞机场上举行了隆重的首架飞机竣工典礼。典礼结束后，段祥禄驾机腾空而起，昂首冲入云端。新中国的第一架飞机制造成功了！全场爆发出长久的雷鸣般的掌声，喧天的锣鼓声震撼着大地。

新中国首架飞机制造成功的胜利消息传到北京后，政务院总理周恩来立即发来贺电，毛泽东主席专门写来嘉勉信说："祝贺你们试制第一架雅克18型飞

新中国第一架飞机生产现场

机成功的胜利。这在建立我国的飞机制造上和增强国防力量上都是一个良好的开端。希望你们继续努力……，进一步地掌握技术和提高质量，保证完成正式生产的任务。"朱德也书写了"发扬工人阶级积极性、创造性，增强国防，保卫祖国"的题词。不久，刘少奇视察江西时专程深入到320厂，看望了参与飞机制造的苏联专家，对他们说："毛主席访问苏联时，斯大林送给毛主席一架伊尔14型飞机，那是全国第一架。现在我国工人阶级自己能够制造飞机了，谢谢你们无私的国际主义援助。"

新中国成立后不到五个年头，就把自己制造的飞机送上了蓝天，不仅圆了中华民族几千年来的飞天梦，也为共和国的飞机制造业向世界先进行列迈进奠定了一个伟大的基础。

18. 共和国第一位飞机设计师

在为新中国航空事业努力奋斗和献身的英雄当中，有一位名叫徐舜寿的人。他是我国著名的飞机设计师、共和国早期飞机制造事业的奠基者和杰出组织者之一。

1917年8月27日，徐舜寿出生于浙江省吴兴县的一个知识分子家庭里，良好的家庭环境使其从小就受到了系统的教育。中学毕业后，他同时考取了清华大学和金陵大学，此时西方的航空制造业已经成为系统的工业体系，航空技术的研究也不断取得突破，而我国的航空制造业几乎还是一片空白，权衡再三，他选择了清华大学机械系的航空组，也选择了自己的事业和理想。抗日战争爆发后，抱着航空救国理想的徐舜寿又考取了重庆中央大学航空机械特别研究班。1939年5月，他从研究班深造毕业后，进入成都航空研究院任助理研究员，并在新疆伊宁航空训练班担任教师并讲授飞行原理，为抗战培训了许多空军人才。抗战胜利前不久，他考取了留美实习生，在美国学习飞机制造技术。解放前夕，他想方设法摆脱了国民党特务的控制，留在了大陆。

徐舜寿

共和国建立后，徐舜寿先后担任了第一飞机设计室主任、中国航空研究院飞机设计研究所的副所长，积极参加新中国航空工业体系的创建工作，自行设计出了中国第一架喷气式歼击教练机，为我国航空工业完成仿制到自主设计的转变做出了贡献。当年苏联取消了对中国的航空技术支持后，他带领同事们对米格-21战斗机进行反复研究，全面吃透了它的各项技术，为我国高速歼击机的研制奠定了基础。徐舜寿和同事们从1965年10月开始酝酿设计国

"运7"飞机

内民用航线运输机,我国国产民用飞机的研制从此起步。他们在经过反复筛选之后,选定苏联的安–24运输机作为参考机型,测绘设计了"运7"飞机。作为"运7"的总设计师,徐舜寿在该机的设计上,提出在不影响飞机气动性能的前提下,对其外形进行一定修改,开辟了一条自己的道路。

国产"运7"飞机于1970年12月试飞成功,1985年获得国家科技进步二等奖。如今"运7"飞机已经成为我国最大的国产民用客机机群,飞行在国内200多条航线上,并且先后发展出了性能更先进、更优良的"运7-100"和"运7-200"等型号,但遗憾的是,徐舜寿已经看不到这些了。这位声望卓著的飞机设计专家在那场"文化大革命"的浩劫中,遭受了种种磨难,莫须有的罪名接踵而来,使得他在1968年1月6日以51岁的年龄含冤去世。

好在历史是公正的,每一位为祖国的强大做出贡献的人,人们都不会忘记他。1978年7月,在他离开这个世界10年以后,共和国为他彻底平反,举行了隆重的追悼大会,慰藉新中国第一位飞机设计师的在天英灵。

19. 直升机工业从仿制起步

我国的直升机工业是从仿制米–4直升机起步的。1956年,苏联援建的米–4直升机生产线在我国启动。1958年11月,第一架静力试验机试制成功并通过静力试验,同时供试飞的第二架直升机也完成总装。第一架国产直升机首飞成功后,被命名为直5型直升机。它对我国直升机工业的崛起具有划时代的意义,是我国直升机发展史上重要的里程碑。后来,直5还发展出了军用型和民用型,民用型有客机、农林、救护和航测型等。到1979年停产时已经生产了558架,基本满足了我国国防建设和国民经

济建设的需要。周恩来总理曾经先后七次乘坐直5型直升机视察工作、慰问灾民。我国还向一些国家出口了87架直5直升机。

我国直升机工业的发展,经历了艰难探索、曲折发展的过程。航空工业有关部门曾研制出了六个型号,其中有五个型号中途夭折。

1985年12月11日,直8型直升机在景德镇首飞成功,1989年4月通过国家技术鉴定,1994年11月通过设计定型。与此同时,为直8型机研制的WZ-6发动机也于1988年11月通过技术鉴定,1994年10月通过设计定型。

1999年1月19日,直9攻击型直升机(代号9G型机)通过技术鉴定,当年在建国50周年盛大阅兵式上,直9B型直升机和直9G型直升机一起编队飞越天安门广场,接受了共和国领导人的检阅。

苏制米-4直升机

起飞重量13吨左右的直8直升机,是目前国产最大的直升机。

20.旧中国的民航业

1919年1月,北洋政府交通总长曹汝霖向当时的大总统徐世昌建议,中国应试办民航,并推荐京汉铁路局局长丁士源具体负责。经大总统同意后,丁士源于1919年2月24日与英国佩治公司驻中国代表巴森签订了一项合同,购买佩治型飞机6架和阿弗罗型飞机2架。11月初,第一架飞机由英国经过海运到达天津,随即运到北京南苑,经过近一个月的装配,于12月6日由英国人试飞成功。两天后,这架飞机载运一些中国官员在北京市上空游览了半个小时。

1921年2月9日,航空事宜处扩编为航空署,直属国务院。航空署下设立航空线管理局,按规划全国有航空线25条。

北洋政府请来的英国人在1921年4月25日完成了北京至天津的试航后,这条航线于5月8日正式开航。担任首航飞行的是一位叫马肯西的英国人,他驾驶着佩治

中国人的飞天尝试

式飞机于8时40分由北京起飞,载着旅客和邮件经过大约两个小时的飞行到达天津,又于当天下午再载着旅客和邮件飞回了北京。虽然由于经费不济,这一航段时飞时停,不能维持定期航班,但是它标志着我国的民航飞行已经正式开始。

旧中国时,从外国购买的飞机居然用绳子拉往汉口机场。

这一年的6月27日,英国人路易斯驾驶一架维梅型飞机于7时34分从北京的南苑机场起飞,9时35分安全降落在济南西关外约6 000米的张庄机场,航线全长700千米的北京到济南航段试航成功。这条航线7月1日开航后,每逢单日下午4时由北京飞济南,双日上午10时由济南飞北京。因济南机场土质松软,再加上经费困难,这个航段只飞行了10天就停航了。

1921年8月11日通航的北京—北戴河间暑期临时航班,是我国最早开设的旅游航线。当时这个航班一星期来回一次,旅客票价单程60元,来回程100元。至1924年,每年夏季都有航班飞行。此后由于飞机破损,经费困难,这条航线停飞。

20世纪20年代末,各主要资本主义国家的航空运输企业都加快了发展步伐,积极开拓洲际航线,极力扩充其势力范围。在世界各国积极兴办航空运输的背景下,中国航空公司于1929年宣布成立。国民政府交通部于当年5月成立了沪蓉航空线管理处,购买了美国史汀逊小型客机4架,开辟了沪蓉航线的上海—南京航段。这条航线飞行了一年多,运载旅客1477人次,邮件20多千克,平均每月客运量只有100多人次。

美制C-46型运输机

当时的中国政府缺乏必要的人力、财力和物力等条件,开展航空运输困难重重,外国民航资本便乘虚而入。早在1928年,美国寇蒂斯-莱特公司就有开拓中国航空市场的计划,并成立了子公司——美国航空开拓公司。同时,美国泛美航空公司也打算开辟从旧金山通往上海的飞越太平洋的航线。1929年4月,国民政府与美国航空开拓公司签订航空运输合同,于5月1日成立中国航空公司。10月21

日,该公司开辟上海—南京—安庆—九江—汉口航线,合同的内容一传出,就遭到了广大民众的谴责,认为它"丧权辱国",结果这条航线运营不到9个月,便在一片唾弃声中夭折了,共载运旅客211人次,邮件3 560千克。

美制C-47型运输机

1930年8月,国民政府撤销沪蓉航空线管理处,重新组建中美合资的中国航空公司(简称中航),中方占股55%。由于得到了政府的支持和优惠条件,中航无论在技术设施和业务经营等方面,同其他航空公司相比都处于领先地位。它先后开辟了中航京平航线(南京—北平,途经徐州、济南、天津)、沪平(上海—北平)、沪蓉(上海—成都)、沪粤(上海—广州)等航线。以上海—成都航线为例,在此之前,两地之间的交通主要靠长江上的轮船,以最快速度计尚需15~18天,而乘飞机9个小时即可到达。中国内地与香港之间后来也开辟了直达航班,这样就使中国与美国之间的联运航程缩短到8天。到1936年底,中国航空公司的航线里程达到6 100多千米。

抗日战争爆发后,中航业务锐减,直到四年后,中航参加"驼峰航线"空运,这才摆脱了下降和停滞的趋势。到1945年8月日本投降时,中航已拥有C-47和C-46型飞机共45架,以及相应的通讯导航、机务维修和气象测报等较为先进的设备和器械,并拥有经过实际锻炼的一大批技术业务经验丰富的空、地勤人员,为战后的进一步发展打下了良好的基础。

在共和国成立后的第40天即1949年11月9日,旧中国的两家最大的民航公司——中国航空公司(简称中航)和中央航空公司(简称央航)在两位总经理的率领下,弃暗投明,宣布脱离国民党政权,回到了新中国的怀抱。

21. 新中国的民航业

新中国成立后,特别是实行改革开放政策以来,我国的民航业突飞猛进。据统计到2005年时,我国民航完成运输总周转量261.3亿吨/千米,旅客运输量和货邮运输量分别达到1.38亿人次和306.7万

中国人的飞天尝试

1959年,中国民航购买了苏制伊尔-18型飞机,标志着中国民航从使用活塞式螺旋桨飞机,开始过渡到使用涡轮螺旋桨飞机。

吨,分别是1978年开始实现改革开放政策时的87倍、60倍和48倍,1978~2005年的年均增长速度分别达到18.0%、16.4%和15.4%。航空运输总周转量的增长速度是同期中国GDP增长速度的1.87倍,是全球航空运输总周转量增长速度的3.2倍。航空运输总周转量和旅客周转量(不含香港、澳门、台湾地区),在国际民航组织(ICAO)缔约国中的排名从1978年的第37位上升到2005年的第二位,仅次于美国。

在航空运输快速发展的同时,我国的通用航空事业也获得了稳步发展。2005年,通用航空作业飞行时间达8.49万小时,1978~2005年的年均增长速度为4.2%。目前,通用航空经营项目包括人工降雨、航空护林、农林牧播种、农林化飞行等农林业航空作业,航空遥感、航空探矿、石油服务等工业航空作业,还包括空中浏览、公务飞行、城市消防、空中巡查等新兴的航空飞行。这些新兴项目增长速度较快,2005年,农林业和工业航空作业飞行小时占通用航空总飞行小时的73%,其他新兴项目飞行小时达27%。

截至2005年底,我国民航拥有飞机总数为1 386架,在所有飞机中,国产飞机占19.1%,美国产飞机占48.1%,欧盟产飞机占25.8%。从我国目前民航拥有的飞机种类来看,进口飞机占的比重比较大。我国现在已经成为进口美国的波音和欧盟的空中客车等著名品牌飞机最多的国家。随着国内经济的健康快速发展,对于飞机的需求也在不断提高。2007年12月5日,空中客车公司与中国航空器材进口集团公司在巴黎签署了订购150架A320系列飞机的框架协议。该协议总额接近100亿美元,这150架飞机包括A319、A320和A321,将交付给中国六家航空公司。这是空中客车进入中国20年以来签署的最大单笔飞机订单,创造了空中客车在中国销售飞机的新纪录。当时正在法国访问的中国国务院总理温家宝和法国总理德维尔潘出席了签字仪式。

安-225超大型运输机

22.大飞机制造之路

从1949年共和国成立以来,航空工业有了翻天覆地的变化,就产业规模而言,目前仅次于美国、俄罗斯,全行业就业人员达50万之多。但是在大型民用客机(简称大飞机)制造方面还有许多事情要做,还有艰苦漫长的路要走。

大飞机分为两种:大型运输机和干线客机。它是航空工业的王冠,技术最复杂,质量要求最高,涉及的经济利益也最大。目前,全球大飞机制造都被美国的波音和欧盟的空中客车这两家公司所垄断。与国内企业相比,波音和空中客车无论在资金、技术、市场占有等方面都遥遥领先。

研制大飞机是共和国历届政府都在考虑和讨论的问题,并分别做出过不同程度的努力,特别是近30多年来,更是反复酝酿、探索和尝试。上个世纪70年代,我国开始研制100吨级的"运10",虽未定型,但经过一系列试飞。在此期间,我国还与麦道公司进行了150座级干线客机的合作生产。90年代中期,中国又决定研制100座级客机AE-100。但由于种种原因,这些项目都半途夭折了。到目前为止,我国还没有能力制造大飞机,我国民航干线上所用的客机全部从国外购买,大型运输机特别是军用运输机也受制于人。

关于发展大飞机制造业,目前还存在着许多争议。一种观点认为,独立发展大飞机制造业风险太大,经济上得不偿失,还不如维持现状,继续从国外购买飞机。

另一种观点认为,经过半个多世纪的建设,我国现在已经基本具备了发展大飞机的条件。但是,大飞机项目的关键是发动机的研制,发动机的问题不解决,飞机就等于没有"心脏"。而发动机的研制目前恰恰是我国的"弱项"。如果研制不出自己的发动机,即使能把飞机壳子搞出来,仍然要受外国人控制。我们的大飞机可能七八年就搞出来了,但发动机10年也搞不出来,国际上的惯例都是发动机的研制比飞机要长五六年,那时候只能买别人的发动机。在飞机的日历寿命中,要更换几批发动机,例如大型运输机需要安装四台发动机,在整个使用寿命中,假定更换四次,就要16台发动机,所以发动机是国家的一个战略性产业。而国外对其核心技术一直对我国进行严密封锁,尤其是军用运输机的发动机更是如此。

还有一种观点认为,大型飞机是保障国家安全、促进国民经济发展、振奋民族精神和具有重大国际影响的一项标志性重大工程。大型飞机项目对大幅提升我国综合实力、国际竞争力、民族凝聚力和国际地位,具有和"两弹一星"与"载人航天"同等的重要作用和影响。因此,发展大飞机制造业不是能不能的问题,而是必须的。

许多事实已经表明,大型运输机是保障国家安全和社会稳定所必需的航空装备。相比美国、俄罗斯等国家,我国空军的空运力量显得十分薄弱,其运力只相当于美国的3%,俄罗斯的5%,远远不能满足打赢一场高技术条件下局部战争的需要。而大型民用干线客机作为现代社会最重要的交通工具之一,市场的潜力是巨大的。所以干线客机也好,大型运输机也好,都是一个独立自主的大国必须要拥有的重要装备,它的研制和开发应该放在实现中华民族伟大复兴和强国富民的战略高度上来看,而不仅仅是生产了多少飞机,产生了多少经济效益。

2004年,大飞机再次被列入国家中长期科技发展规划的重大项目,表明了中国政府振兴民用航空工业的意愿。亿万华人期盼着在2020年前后,看到中国人自己制造的大型飞机飞上蓝天,使我国成为继美、俄、欧盟之后第四个能够自主研制大型飞机的国家,实现中华民族的又一个强国之梦。

干线客机

在很久很久以前，原始人类完全靠着猎取动物和采摘野果维持生活，大概是在捕捉鸟兽或者逃避猛兽追赶时，人们就产生了如果能够像鸟儿那样在蓝天上自由飞翔的想法。他们为此进行了无数次的实践，以当时的科技水平，这些实践只能以失败告终，但人类并没有灰心丧气，更没有放弃对于这个美好梦想的追求，许多关于腾云驾雾和遨游太空的神话故事应运而生，一代一代地讲下去，一直流传到了现在。当时的人们还把这些美好的想法刻在了岩壁上，我国敦煌莫高石窟壁画中的"飞天"就是反映这一内容的杰作。

飞机与空中交通工具的故事

飞向蓝天的梦想

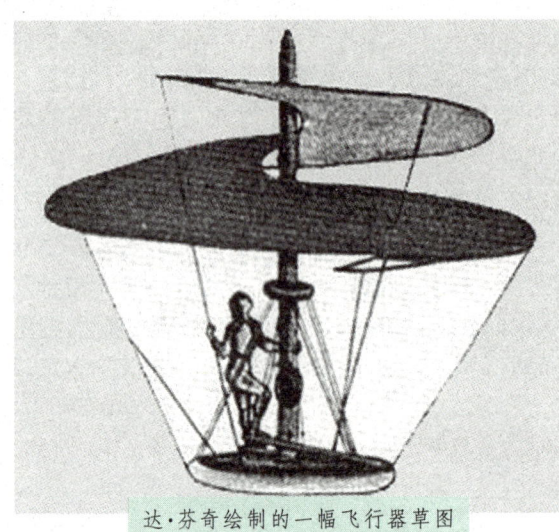

达·芬奇绘制的一幅飞行器草图

1. 达·芬奇的奇妙设想

世人谁不知道,达·芬奇是欧洲文艺复兴时期的著名画家,《最后的晚餐》和《蒙娜丽莎》是他亘古不朽的名作,但是很少有人知道,他还是航空事业的先驱。

达·芬奇自幼没有条件接受正规教育,但是他却在绘画方面取得了惊人的成就,在雕刻和音乐等方面也有很高的造诣。同时,他还酷爱自然科学,如数学、物理学、生物学及天文学等等。此外,他从童年开始就有一个特殊的兴趣,那就是研究鸟类的飞行,终其一生都没有放弃过,甚至写出了一篇名为《鸟的飞行方法》的论文。

在研究鸟儿振翅飞行的过程中,达·芬奇充分利用生物科学的知识,解剖过无数飞禽,从理论上计算出鸟身与双翼的比例关系,计算出不同鸟类的重力中心点。同时,他又对人体进行研究,还做过人体解剖。他大胆地设想,人如果要像鸟类一样在空中飞行,必须在人身上安上一个像鸟儿一样的飞翼。为此,他计算出了支持一个正常体重成人所需的翼面积,像鸟儿一样振翼时所需的臂力及腿力,还计算出体重与双翼升力的比例关系。

为了实现人类飞向天空的梦想,他从1486年开始先后设计出了好几种扑翼机。他设计的这些奇形怪状的扑翼机,都是让人俯卧在类似小舟的机身上,用手和脚像划船一样摇动扑翼,使之飞行。为了安全起见,他特别指出:"使用这种扑

根据达·芬奇亲手设计的飞行器制作的模型

飞机与空中交通工具的故事

翼机必须是在湖泊的上空,身上必须带一个羊皮囊,以便落水时将人浮起。"这也是航空史上最早的关于救生设备的论述。令人遗憾的是,他的扑翼机研究只是停留在纸面上,因为当时他还没有认识到,仅仅用人的肌肉的力量,是不可能把人体带到空中去的。

达·芬奇还研究过螺旋桨理论,精心绘制出了关于垂直起落机的图纸,还设计出了一种大叶片的螺旋推进器。可以说,这种螺旋推进器就是当今直升飞机的雏形。

1503年,达·芬奇参加一位贵族举行的婚礼,观看了一场滑翔飞行表演。表演者是一位名叫但蒂的数学家,他使用的滑翔机是他亲自设计制造的。那天,只见但蒂从一座高高的教堂顶上滑翔而下,姿势非常优美。不过,滑翔机降落时意外地碰上一幢楼房,但蒂因此丢掉了一条腿。受到这件事的启发,达·芬奇又着手研究滑翔机,他模仿蝙蝠设计并绘制出了好几种滑翔机的图样。他憧憬着有一天自己的滑翔机能够试飞。1505年时,他还将费索尔地区的一个约400米高的山冈确定为试飞的地点。他在笔记本中这样写道,"希望由此飞行,而赢得永久的光荣。"然而,这次飞行是否真的进行过,历史上没有留下任何文字记载。

达·芬奇这位旷世奇才在1519年逝世时曾立下遗嘱,将其毕生有关航空研究的笔记与设计方案,通通交给他的亲密朋友麦尔塞保管。麦尔塞忠心耿耿地执行了达·芬奇的委托,直至自己死去时也未公之于世。又过了50年,麦尔塞的儿子才将达·芬奇的这批资料贡献出来,这时已进入17世纪了。

知识链接

鸟儿与飞机

有资料表明,世界上飞得最高的鸟儿要数我国西藏地区的一种兀鹰,它能飞到7 300米的高空。飞得最快的鸟儿叫雨燕,它的最高时速是144千米。凤头麦鸡是鸟儿王国中马拉松飞行的冠军,它能飞过大西洋,航程远达3 500千米。在人类漫长的历史长河中,曾经有相当一段时间对鸟儿只有羡慕而望尘莫及,直到飞机发明出来后,人类才把鸟儿远远地甩到后边。现代飞机的升限已超过了3万米,飞行速度已超过声音速度(340米/秒)的3倍,就像炮弹那样一闪而过,一小时就能飞出3 000多千米。至于飞机的续航能力,那就更不是鸟儿所能比拟的,能够连续飞行上万千米的飞机现在已经有好多种了。

飞向蓝天的梦想

2.倒霉的幸吉

日本宽政年间(1789年~1800年),备前国(冈山县)有一位名叫幸吉的裱糊匠,他虽然没有达·芬奇那么大的名声,但他也热衷于研究鸟儿飞行。为了能让人像鸟儿一样飞上天,他捉来鸽子,仔细测量它们的体重与翅膀大小的关系,计算出了人需要多大的翅膀才能飞上天。

有了数据后,他就用竹子和纸制成了一对大翅膀,绑在自己的身上开始练习飞行。他还真的飞起来了,正好被观赏樱花的人们看见了,以为来了腾云驾雾的妖怪,惊恐异常,纷纷逃散。当地的官吏以扰乱社会的罪名逮捕了幸吉,把他驱逐出境。这件事情被一位名叫收营茶山的日本人写进书中,只是写得不够详细,后人不清楚幸吉到底飞了多高,飞出多远。

3.热气球升空表演

18世纪初,西方人根据热空气比冷空气轻的原理,把空气加热,充进气球中,使之得以升空。

1709年8月8日,在葡萄牙国王的王宫里,一位名叫古斯芒的基督教牧师进行了一次热气球升空的表演。俄国人克拉库特诺得知这件事情,也想试一试。于是,在1731年的时候,他做了一个大大的热气球,用绳套把自己吊在气球上。当气球离开地面向空中升去时,他的身体也到了空中。开始时表演很成功,热气球飞得比桦树还高。可是接下来就出现了险情,由于不能控制气球的飞行方向,结果撞到了钟楼上,气球破了不说,人正巧被绳套缠住,吊在了钟楼上。克拉库特诺虽然没有摔死,却把他吓了一大跳。人们急忙赶上前来抢救,花费了好大的力气,总算把他给解救了下来。从这以后,在很长一段时间里,再也没有人敢做这种玩命的试验了,热气球也渐渐地被人们遗忘了。

4. 载人热气球的第一次飞行

1783年春天,法国造纸商蒙哥费尔兄弟偶然间发现碎纸屑在火炉中燃烧时会不断向上升,由此受到启发,就用纸袋把热气收集起来,而充进热气的纸袋真的随着气流飘然上升。随后,他们改进了制作方法,用纸和布为材料做成气球,再用纽扣把这些材料连接起来,然后在气球中充满热空气,使它的体积变得更大。他们用这种热气球在家乡做了一次飞行表演。看着这样一个大圆球居然能够晃晃荡荡地在空中飘来飘去,围观者们不禁发出一阵阵惊叹声。这件事情一传十,十传百,竟然传到了国王路易十六的耳朵里。

路易十六和他的王后对好玩的新奇东西有着强烈的兴趣,他们立即下令让蒙哥费尔兄弟到巴黎来表演给他们看。

1783年9月19日这一天,在巴黎郊外的一个空地上围聚了成千上万好奇的观众,四周人山人海,挤得水泄不通,他们与国王和王后一样,都想看一看热气球是怎样升空的。

与上一次在家乡表演不同的是,这一次蒙哥费尔兄弟俩在气球下边吊上一只大篮子,里面有三位"乘客":一只羊、一只鸡和一只鸭。在人们的惊呼声中,热气球慢慢悠悠地升上了天空,随着风力飞行了8分钟,历程2 500千米,然后安全地降回到地面上,大篮子里面的那三位"乘客"全都安然无恙。兄弟二人兴高采烈地当场宣布,下一次试验所载的乘客将是活生生的人。

路易十六为表彰蒙哥费尔两兄弟的功绩,特授予他们圣米歇尔勋章。蒙哥费尔兄弟再接再厉,又动手制造了一只高22米,直径达15米的大气球,上下长约24米,球体中间最宽处直径约15米,呈椭圆形。气球下方悬挂着一个金属火盆,环绕火盆的是用柳条编的吊篮,乘客就坐在吊篮里,需要不断向盆中添加燃料,以便随时产生足够的热空气。路易十六考虑到这个试验的危险性太大,就想让已被判处死刑的囚犯来充当乘客,并颁下谕旨,愿意乘坐气球的试验者,成功后即可恢复自由。这时候,一位勇敢的法国青年罗齐尔挺身而出,向国王禀道:"载人热气球试验的成功

飞向蓝天的梦想 31

理查德·布兰森是一位英国富豪,他背插一对翅膀,参加了在英国举办的飞人大赛。

会在科学史上留下光辉的一页,这是法兰西的荣誉,不能把人类第一次升空的荣誉让给一名罪犯。我本人愿意充当乘客,即使死去也在所不惜。"罗齐尔又找到他的一位好朋友阿兰德斯,两个人决心同去冒险。国王被这两位青年的勇敢精神所感染,最终同意他们二人乘热气球升空。

1783年11月21日,人类第一次载人气球即将升空。这一惊人之举轰动了当时的巴黎,一时十室九空,人们一齐拥向巴黎城外的邦龙试验场。远远望去,只见一个黄蓝二色的巨大气球悬挂在两个桅杆之间,下面正燃着熊熊烈火。下午1时45分,路易十六一声令下,大炮发出巨响,立在气球下的蒙哥费尔兄弟挥舞大刀砍断缆索,气球冉冉地向空中飘去。

根据记载,这个气球在空中飞行了25分钟,飞行高度约900米,最后在巴黎近郊的一块麦地里安全降落。罗齐尔和阿兰德斯二人从塌缩的球囊下爬出来,毫无损伤,两人彼此握手,互相道贺终于活着回来了,同时庆祝自己成为世界上第一次飞上天空的人。

载人气球升空试验成功后,载人气球飞行便在巴黎和其他欧洲大城市中盛行起来。作为飞上天空第一人之一的阿兰德斯对此却兴趣大减,从此不再参加这项试验,而他的朋友罗齐尔却乐此不疲,置未婚妻的苦苦哀求于不顾,继续进行飞行试验,他甚至立下雄心壮志,要横越英法海峡。

不幸的是,1785年6月15日,罗齐尔在试用热气和氢气共同浮升气球时,气球起火坠毁,结果罗齐尔获得了航空史上的另一项第一——第一个死于航空器事故的人。

5.杰克·查理研制氢气球

几乎是与蒙哥费尔兄弟同时,法国的物理学家杰克·查理也在研究气球,但他使用的方法和蒙哥费尔兄弟的方法完全不同。查理是优秀的物理学家,关于气体研究的查理定律就是他发明的。从1782年起,他就一直在进行研究,想要制造出使用氢气的气球。

喜欢新鲜玩意儿的巴黎市民,在蒙哥费尔兄弟进行载动物的气球试验之前,就纷纷埋怨他们俩的研究进度太慢。当他们听说查理正在研究一种新的气球,就迫不及待地采用民间集资的方式,募集了10 000法郎送给查理。在巴黎市民热情的支援下,查理的研究进行得很顺利,但是氢气很容易从纸袋中漏出去,意大利人卡巴洛就

因为想不出解决办法而中止了这项研究。查理煞费苦心地寻找防止氢气从纸袋中漏出的方法，但效果很不理想。有一天，查理听说巴黎的工程师罗贝尔兄弟发明了把橡胶溶化涂在布上的方法，于是就登门找到罗贝尔兄弟，请求与他们合作。在罗贝尔兄弟的帮助下，查理在直径大约4米的气球表面涂上涂料，充进氢气。由于那时还不能够一次制造出大量的氢气，因此需要有一个装有水、铁和硫酸的桶，不断地制造氢气，再装进气球，有一次这个桶差一点儿发生爆炸。

1783年8月24日，查理制作的氢气球充满了氢气，运到了维多利亚广场。在巴黎市民们仰望视线中，这个氢气球迅速地飞向天空，不到两分钟就进入了云层。遗憾的是，它很快就发生爆炸，坠落在附近的村子里，使当地农民大吃一惊。这次试验完全失败了，而就在25天后，蒙哥费尔兄弟成功地实现了热气球载人飞行。两相对比之下，路易十六站到了蒙哥费尔兄弟一边，支持他们继续搞研究，而对查理的研究置若罔闻。

然而，查理并没有因为这次失败而气馁，他决心不采用蒙哥费尔兄弟那样的危险作法，而去寻求安全可靠的控制气球的方法。他首先研究了氢气球爆炸的原因，发现这是因为气球升到高空，由于气压降低，氢气在气球内膨胀而造成的。于是，他在气球上安装了通气筒，以便气体过分膨胀时可以由此排放。另外，为了能控制好气球，他还给气球装了沙袋和气阀。气球没有升空前，装上许多沙袋；当气球准备上升时，就丢弃一些沙袋，以减轻气球的重量。相反，想要下降时，就打开气阀放掉氢气，减小浮力。为了便于着陆，查理还在气球上安装了着陆缆绳和锚。巴黎市民们得知查理又在制造新的气球，再次动员起来给他捐款。

1783年12月7日，查理的新氢气球制成了。这一天，前来观看气球升空试验的巴黎市民竟达40万人之多，路易十六下令停止试验，理由是大量群众聚集在一起，一旦发生事故不好处理。但是，蜂拥而来的巴黎市民让国王的禁令成了一纸空文。

试验终于按时开始了。只见氢气球腾空而起，时而高高飞起，时而低空滑翔，然后又腾空而去，做完了各种飞行表演之后才安全降落。前来观看的市民们一个个兴高采烈，现场一片欢腾。路易十六不得不表扬查理，下令制造刻有查理和蒙哥费尔兄弟像的奖牌。

飞向蓝天的梦想

1783年12月1日,法国科学院夏尔教授与罗伯特乘氢气球起飞时的情景。

6.热气球走向现代

1785年,法国人夏尔和美国人杰弗里斯在查理式气球上安装了舵,成功地飞越了多佛海峡。蒙哥费尔兄弟得知这个消息后,也决定用自己的气球横渡多佛海峡,可是他们制造的气球由于不能很好地控制,很难横渡海峡。无可奈何之下,他们决定使用查理式气球,但这样做又感到有些丢面子,便决定制造由氢气球和热气球组合的双层气球来横渡海峡。由于在明火旁边放置了氢气,气球在飞行途中起火,造成了两名驾驶员死亡的重大事故。从此,法国政府禁止制造蒙哥费尔兄弟式的气球。

自从热气球和氢气球问世后,欧洲人立刻注意到了它的价值,利用它们进行升空观光和做试验,还有人将它用于战争。

1809年,奥地利人试图用热气球携带炸弹去轰炸威尼斯。他们在热气球上系上炸弹,想让气球随风飘向目的地,并按事先计算好的时间,让点燃的导火索在热气球到达目标上空时,把系炸弹的绳子烧断。不料,热气球升空后快速爬高,而高空风向与地面风向正好相反,结果热气球又飞了回来,炸弹落到了奥地利人自己的头上,闹出了一个笑话。

第二次世界大战后,随着高科技的应用,化学纤维的研发和丙烷气体的普及,热气球获得了迅速发展。由于热气球操作简单,安全可靠,很快便成为风靡全球的时尚运动。用于制造它们的材料已经发生了"本质"的变化。拿现代热气球来说,它的球皮不再用布或麻制成,而是用一些特殊的合成材料制成,不但能很好地吸收红外线和太阳光的热,而且又能防止球内热量向外传递。它的空气加热也不用燃烧干草和羊毛了,而是改用压力罐携带甲烷等可燃压缩气体。更重要的是,现代热气球可以控制飞行高度和方向,完成越洋跨海的壮举,同时它还装备了完善的安全保护设备。现在,人们除了用热气球进行实验和旅游观光以外,还用它们来进行高空探险活动。

7. 自天而降的英雄

早在 17 世纪时，中国南方的一个杂技班子出国到暹罗（今泰国）演出，其中有一个引人注目的集体节目：一排演员每人拉着两把伞从高处往下跳，由于无法控制方向，有人落到地面上，有人落到树上，场面非常惊险有趣。这个表演给观看节目的一位法国商人留下了很深的印象，便把它写进了后来出版的《历史关系》一书中。

1783 年，一位名叫雷诺曼的法国科学家见到了《历史关系》这本书，读到了这段描写，不禁大感好奇，决定亲身试一试。他仿效中国的杂技演员，两手各执一把阳伞，从二层楼上跳下来，结果安全落地。雷诺曼得意地把自己的"壮举"告诉给亲朋好友，他的好朋友加内林知道了这件事后，产生了一个更加大胆的想法：让气球把人带到高空，再跳伞降落下来。当然，要想完成这样的壮举，靠普通的伞是做不到的。于是，他就仿照普通伞的样式制作了一把硕大的伞，也用肋状物撑开，在伞下系着一个小吊篮。他将站在吊篮里往下降，因为他清楚地知道，在高空中，他的两只胳膊是无力抓住这样一顶大伞的。

1797 年 10 月 22 日，一只氢气球将加内林带到了巴黎现在的莱蒙公园上空 800 米处。加内林一拉系在气球上的释放绳，他和降落伞便离开了氢气球。伞盖被强烈的气流吹得鼓胀起来，带着加内林站立的吊篮缓缓下降。至少有数万人在现场观看了加内林的壮举，热烈地欢呼他开创了人类自天而降的历史。不过，此时站在吊篮里的加内林全无成功的喜悦。由于降落伞中心没有排气孔，鼓足了的空气只能从伞侧逸出，把大伞弄得晃来荡去，摇摆得很厉害。毫无思想准备的加内林觉得自己的五脏六腑都移了位，简直痛不欲生。等落到地面时，他趴在吊篮口上不断地呕吐，已经快失去知觉了，根本不可能接受蜂拥而上的人们的祝贺。

飞向蓝天的梦想

8. 后来居上的美国人

19世纪时,跳伞几乎成了航空表演中一个不可缺少的节目,放飞气球时,气球下常常带有一个吊架,降落伞松弛地系在吊架上,跳伞者坐着被绑在吊架上。等到气球升到高空以后,跳伞者便解开降落伞,跳下吊架。此时的降落伞已经有了很大改进,顶部开了导流孔,能够控制方向,着陆比较准确。

飞机发明以后,很快又出现了飞机跳伞。大约因为飞机是美国人发明的缘故,降落伞发展史上的那些大事大都发生在美国。1912年3月1日,贝里上尉首次使用固定开伞索在美国的圣路易斯从一架双翼飞机上跳下来。1912年秋天,美国的F·R·劳第一次使用自由开伞索,从飞机上跳下来,他使用的是史蒂文斯发明的"救生降落伞包"。这时的跳伞不再仅仅是一种表演,而是成了飞行中的一种人身保护装置。1919年4月19日,欧文首次使用带有开伞索的降落伞在美国跳伞。至此,降落伞基本定型,欧文的降落伞就是现代降落伞的雏形。

9. 罗伯特兄弟的"飞鱼"

1784年7月6日中午,在法国巴黎的近郊,人们三三两两神情紧张地聚在一起,时而仰望天上,时而又蒙起眼睛。他们在干什么呢?原来,他们正在观看天上出现的一个奇异景象:一条大"飞鱼"正在空中浮沉。

这是法国的罗伯特兄弟正在进行飞行试验,那条"飞鱼"就是一个大气球。在此之前,蒙哥费尔兄弟已经成功地完成了载人气球飞行,但是他们的气球有个致命的缺点,那就是不能控制飞行方向,作为游戏或表演还是挺精彩

2007年7月29日,第10届法国洛林国际热气球节开幕。热气球表演和比赛在法国一直受到普遍欢迎。

的,要想利用它进行空中的交通运输就不行了。于是,罗伯特兄弟就萌生了这样一个念头:在气球上配备推进器材,使它能够定向飞行。他们认为,气球在大气中沉浮和鱼儿在水中游弋的原理是一样的,便把自己的气球做成水滴形的,长有16米,直径10米,气囊容积940立方米,充满氢气后可以带着数百千克的重物升上天去。

第一次试飞开始了,气囊里充进氢气后,鱼形的大气球便顺利上升了。吊篮里的七个人用力划着木框上蒙着绸布做成的大桨,控制着气球的航行,这条巨型"飞鱼"居然能够笨拙地在空中转向。然而,还未等他们发出欢呼,罗伯特兄弟就发现事情有点不太妙了——气球一直在缓缓上升,气囊逐渐胀大起来,马上就要爆炸了!原来,气球越向上升,大气压强越低,外边大气压变小,氢气球体积不断膨胀。一旦气球胀破了,这些试飞者的命运不堪设想。情急之下,大罗伯特抓起一把匕首,冒着极大的危险,攀上吊绳,用力刺破气囊。随着长长的"刺刺"声,氢气泄了出来,气球终于安全地降落了下来。

两个月后,罗伯特兄弟驾驶着装有放气阀门的气球升上天空。这次,他们连续飞行了7个小时,按照原计划着陆。罗伯特兄弟制造的这种可以操纵方向的气球,便是飞艇。他们设计的飞艇外形很合理,符合空气动力学的原则,以后人们制造的飞艇基本上都采用了这种外形。

10. 第一次北极探险飞行

瑞典人奥古斯特·安德烈一生以事业为重,从未结过婚。1875年他在斯德哥尔摩皇家理工学院毕业后,第二年到美国费城参观了为庆祝美国独立100周年而举行的科技展览会,对气球飞行产生了兴趣,逐渐萌生了去北极探险的愿望。回到祖国后,他在一家公司任机械工程师,业余时间便全身心地研究气球飞行。他与一位挪威人合作,在1892年进行了第一次气球飞行。之后,在新闻界和社会各界的鼓励下,瑞典一家报纸又在经济上予以资助,他终于制造出了自己的气球,取名"斯薇"。安德烈经常驾着"斯薇"去旅行,曾经飞到芬兰北部。1895年,身为瑞典专利局首席工程师的安德烈,郑重地向瑞典科学院提出了使用气球去北极探险的飞行计划。

当时的欧洲人普遍认为,去斯堪的纳维亚以北的地方,那是不可想象的事

情,无异于自寻绝路。为了研究这一行动的可能性,瑞典科学院先后召开了好几次论证会和答辩会。最后总算批准了这一计划,并拨给了经费。瑞典国王奥斯卡得知这一情况后,也表示热烈支持。

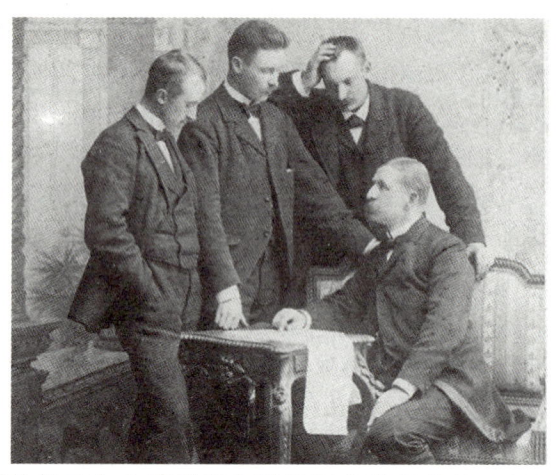

出发前,安德烈做了认真而细致的准备。他选择了两名志愿探险队员,一位是24岁的职业摄影师斯芬伯格,另一位是26岁的业余气球飞行员和登山运动员弗兰克尔。

1897年5月18日这一天,安德烈他们三个人乘船首先到达距离北极点约1 200千米的斯匹次卑尔根群岛,在那里建立了一个没有房顶的气球房,等待着老天爷刮来南风。这一等就是一个多月。

安德烈为此行而设计和制作的探险气球,从顶至底高约30米,用丝绸密缝而成,内外都涂满涂料,以防漏气。吊篮用柳条编成,内放三个人的床位,周围有护板可挡风雨。在气球与吊篮之间安放着救生设备,包括三辆雪橇、一艘油布船,还有帐篷、粮食等,估计足供三个人两年之需。为了更可靠地操纵气球,安德烈在气囊与吊篮之间架设了一根横的帆桁,上挂三张风帆,借助风力可以变换航向。他还准备了三条大麻绳,每条长近3 000米,它可以拖在冰面上,以增加气球飞行时的横向阻力。酒精炉挂在吊篮下,既能热饭,又不至于把氢气点燃。

7月11日这一天。安德烈他们三人的北极探险行动正式开始了。高耸庞大的气球从开顶的气球房里冒了出来,安德烈他们三个人站在大气球下边悬挂着的吊篮里边,

向周围前来欢送和围观的人们不停地挥手。气球越飞越高,越飞越远,渐渐地离开了人们的视线。

一年过去了,十年过去了,二十年、三十年也都过去了,人们始终没有得到安德烈他们三个人的任何消息。

33年后,一艘挪威捕海豹船在冰雪中偶然发现了安德烈他们当年最后宿营的帐篷,从找到的日记中,人们才知道了他们这次探险的过程和结局。

原来,安德烈他们乘坐的气球升起来后不久,就开始缓缓下降,不知是下降气流的影响,还是那三根长绳把气球拖住了,吊篮像蜻蜓点水一般在冰面上颠簸前进。后来,气球上升到约500米的高度,但那三条大绳却自行旋松接头,掉了下去。这样,气球在

空中只能全靠风力吹送,起初向北,继而向西,直奔格陵兰岛,然后又向东北飞去。由于雾气和结冰的影响,气球有时落到冰面上;有时云雾较小,气球又上升一点。更为严重的是气球不断漏气,到了7月14日早上,即使抛掉了所有能够丢掉的物资,气球仍然在冰上落了下来,瘫成了一张皮。他们只飞行了三天,探险便告结束。

气球落地后,他们利用雪橇一步一步地朝南走,好不容易坚持到1月17日,斯芬伯格因衰竭而死亡,尚余游丝之气的另外两个人就地将他埋葬了。几天之后,弗兰克尔爬进睡袋后再也没有出来。百折不挠的安德烈继续向前走,最后身靠一座岩石而亡。他们在冰雪中大约走了320千米的路程。

根据他们留下的日记推断,他们三个人曾飞到北纬82度55分左右的地方,这里离北极约600千米,离他们的出发地已有约550千米之遥。在当时条件下,即使知道他们身在何处,也无力展开救援行动。

这次北极探险飞行虽然失败了,却为后人提供了宝贵的经验。他们勇于探索的精神,也在人类航空史上留下了光辉的一页。

乔治·凯利

11. 空气动力学之父

乔治·凯利于1773年12月27日出生在英国的斯卡波诺城。小时候,父亲给凯利请来一位家庭教师,就是当时著名的数学家乔治·瓦克,凯利从他那里学到了很多自然科学方面的知识。瓦克非常欣赏聪敏好学的凯利,后来还把自己的女儿莎娜许配给了他。

凯利10岁那年,听说法国人完成了第一次载人气球飞行,开始对航空产生了兴趣和向往。1792年,他使用竹蜻蜓这种中国玩具做了一连串试验,还自己动手用铁皮制作了一个"中国陀螺",用力抽绳子使它快速盘旋上升,竟能到达27米的高处。1804年,他写出了自己的第一篇有关人类飞行原理的论文。同年,凯利做了一只外形颇像大鸟的风筝,他在这只风筝下面装了一个吊舱,让人坐在吊舱里,然后赶着马车拉着这只风筝向前跑,结果风筝离开地面飞了好长一段距离。

1809年,凯利在《尼古逊自然哲学杂志》上发表了题为《论空中航行》的论文,很快就引起轰动,在西方世界被整整翻印转载了100年。在这篇论文中,凯利认为,人类多年来希望模仿鸟类振翼而飞的老观念必须抛弃,制造固定翼飞机完全是可能的。他详尽地描述了现代飞机的轮廓,为后来的空气动力学奠定了基础。关于机翼,他认为应该在设计翼面时取一点点角度,这样就能获得适当的稳定性,这就是现代

乔治·凯利设计的滑翔机草图

飞机的上反角。他还提出机尾必须要有垂直和水平的舵面,这同现代飞机完全相同。他认为飞行器必须是流线型的,根据他的计算,如能减少1千克重的阻力,便可以在不增加马力的情况下,增加66千克的载重能力。他还讨论过速度与升力的关系、翼负荷、如何减轻飞行器的重量,甚至以内燃机做动力等问题。为了证实这些原理,他曾经造了一架不载人的滑翔机来做试验。

在凯利生活的时代里,人类只能用笨重的蒸汽机提供动力,如何解决飞行器的动力问题就成了最让人头痛的事情。凯利曾经努力尝试制造一种轻巧的蒸汽机来带动飞行器,但是没有成功。为此,他痛心地写道:"我的发明唯一还无法解决的,就是一个动力问题。我深信不疑,这项崇高而宝贵的技术,在不久的将来一定会成功。飞行器的速度将达到每小时40~160千米,人们利用它来运送人员、商品、财物,远比水上航行更为安全。"

1837年,凯利在《机械工程》杂志上发表了另一篇有关航空的文章,重述了他早年的理想并倡导人们做更多的试验。到了1848年,凯利已年届75岁高龄,眼看着轻重量发动机的问世遥遥无期,迫不及待的他决心继续进行无动力的滑翔机试验。1849年,他制造出了一架三翼滑翔机,驾驶员坐在一只篮子中。他在笔记中这样写道:"机上坐一个10岁男孩,从上至下飞行了几码的距离;如果人力迎着微风牵动起飞,也可飘行同样距离。"他没有说明这名男孩是谁,但这无疑是人类有史以来第一次载人滑翔机飞行。

1853年,凯利写了一篇描述无人驾驶滑翔机飞行的文章送到法国航空学会,题目是《改良型1853年有舵滑翔机》。就在这一年,凯利在约克郡又进行了一项飞行试验。这次用的飞行器与他1804年所使用的风筝外形接近,但是没有了拉动的绳子。试验开始后,只见一位勇敢的年轻人带着这只大风筝从平缓的山坡上奔跑下来,然后在一块突出的岩石上腾空飞起,越过溪谷到达对面的山坡上。虽然有人指出,凯利研制的这个"没有线的风筝",安装的都是活动的"扑翼",它们操作复杂,飞行效果并不理想。但是,它无疑是人类最

现代滑翔机

初的滑翔机。

1853年，凯利还制造出了一架比1849年的那架还重的滑翔机，并带有刹车装置。这次试验，他让自己的马车夫坐在驾驶座上。究竟飞了多远距离，凯利没有留下文字记载，但是据曾经目击过这次飞行的凯利的孙女儿说，飞行距离大约有450多米。试验结束后，那位姓氏不详的马车夫心惊胆战地对凯利说："求求您，老爷，我希望您还记得，小人是受雇来驾马车的，不是来飞行的。"

凯利不仅仅对航空有兴趣，他还为英国海军设计出了大炮的炮弹，在拿破仑战争时期大显威风。他在1807年发明并获专利的热力发动机，为工业界所广泛运用。他在1825年设计的一种装辐条的车轮用于滑翔机上，这一发明至今仍为自行车所采用。此外，他还发明过自动铁道刹车装置，并且在声学、光学、电学以及下水道工程等方面，做出了不少有价值的贡献。

1858年，84岁的凯利在妻子莎娜的泪水中离开了人世。他在去世前不久，曾在一个笔记本上写下了这样一行字："给你，查看笔记的朋友！我已去了，愿你在这些涂鸦中寻找出智慧的花种。"

有趣的是，1971年，英国飞行员泼劳中校完全依照凯利遗留下来的笔记，造出了一架与当年完全一样的滑翔机，飞得十分成功，这完全证明了118年前凯利的设计是如何的了不起。

12.真正成熟的滑翔机

世界航空界的业内人士有一个共识，人类有史以来真正的成熟的滑翔机，是由德国的李林塔尔兄弟发明的。

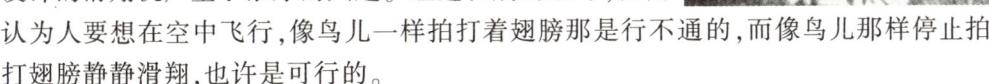

奥图·李林塔尔

李林塔尔兄弟出生在德国北部麦伦堡省的一个纺织品商人的家庭里，他们从小就对鸟儿的飞行感兴趣，幻想着有一天能真的飞上天去。早在中学时代，他们就对凯利设计的滑翔机产生了浓厚的兴趣。经过长期的思考，他们认为人要想在空中飞行，像鸟儿一样拍打着翅膀那是行不通的，而像鸟儿那样停止拍打翅膀静静滑翔，也许是可行的。

这是1861年夏天的一个漆黑无月的夜晚，李林塔尔兄弟偷偷地从家中跑出来，站在一个阅兵台上，用劲振动缚在双臂上的用薄板做的翅膀，并拼命奔跑，想要飞起来。原来，他们兄弟俩害怕同学们嘲笑，这才趁天黑出来练习飞行。

这一年，他们俩分别只有13岁和12岁，但是他们俩已经制作出了许多小的飞行器模型，还自制过一架滑翔机，在自家房屋后面的土坡上进行实际操作。最远的一次，

飞向蓝天的梦想

哥哥奥图飞过了 100 米的距离。

奥图长大后,成为柏林市一位有名的机械工程师,他设计过蒸汽锅炉、采煤机和采石机,多次获得政府的奖励。尽管这样,他的最大兴趣仍然是飞行,为了能像鸟儿那样飞行,他几乎耗去了全部工余时间和节余的金钱。他经常和弟弟研究多种不同鸟类的翅膀结构和飞翔方法,特别注意其翼展面积和对升力的影响。他们特别注意海鸥的飞翔,集中精力研究鸥翼,并深信人类的飞行必须以扑翼动作来维持。他和弟弟古斯塔夫的滑翔飞行练习从来没有中断过。

1889 年,奥图发表了人类航空史上的经典著作《作为航空基础的鸟类飞行》。两年后,他们又制造出了世界上第一架采用固定翼的滑翔飞机,全部重量约 20 千克,两个翅膀的长度为 7 米,用竹子和藤做成骨架,在骨架上缝着布,人的头部和双肩可以从两翅之间进入。后部还装有尾翼,看起来很像蝙蝠展开的双翼。奥图把自己吊在这副翅膀上,从 15 米高的山冈上跳起,滑翔机在风力作用下轻轻地飘在空中,在 300 米外安全降落。从此,他有了"蝙蝠飞行家"的雅称。

从 1893 年到 1896 年间,李林塔尔兄弟在一座名叫里诺韦的小山上先后进行了 2000 多次滑翔飞行,距离最长的一次达到了 350 米,高度最高曾经达到了 30 多米。他们在多次飞行中研究了升力和风速、倾角的关系,积累了许多数据,同时还建立起了空气动力试验室,摸索飞行的规律,使得他们制作的滑翔机性能越来越好。起初,他们制作的是单翼机,后来采用双翼机,以获得更大的升空力。李林塔尔兄弟俩在这期间共同造出了 8 种型号的滑翔机,大多采用扑翼机械,以柳木作支架,用竹片或藤条支起布匹,蒙在滑翔机上。

李林塔尔兄弟在试验中认识到,应该进行三项改进:第一是在飞行中使机身平稳不摇摆;第二是为了改变方向,需要安装舵;第三是要安装动力,即使没有迎面风也能飞行。为了保持飞行时机身的稳定,他们采用了各种力学知识,获得了相当良好的效果。在动力方面,由于那时已发明出了内燃机,他们在滑翔机上安装了 2.5 马力的发动机。至于舵的问题,他们决定在制成带发动机的飞机以前,先在滑翔机上装上舵,搞一下试验。

1896 年 8 月 9 日这天,风比任何一次试验时都要大,年已 48 岁的奥图又一次登上里诺韦山。这一次他要对装了舵的滑翔机进行试验。他像往常一样,抓住滑翔机向山坡下奔去,然后腾空而起。渐渐地,他随着一股上升气流飞到离地面 20 多米的空中。奥图沉着冷静地顺风使舵,突然

感到滑翔机翅膀扭动了一下，"不好，有旋涡气流！"还没有等他将滑翔机调整好，又一阵狂风从侧面吹来，滑翔机失去了控制，转眼之间翅膀折断，结果连人带机摔了下来。第二天，躺在柏林一所医院里的奥图对泣不成声的弟弟留下了这样的遗言："如果没有牺牲，任何事情都不会成功。"说完他就离开了人世。

奥图牺牲的消息震动了世界。固然有人因此而畏惧、悲观，但是也有人因此而受到激励，他们继续奋不顾身地进行研究，取得了辉煌的成就，直至发明出带有动力的飞机。

13.滑翔机进入黄金时代

英国人皮尔彻是李林塔尔兄弟的得意门生，他继承了老师奥图的事业，驾驶着一架安装了降落用车轮的滑翔机，滑翔了250米的距离，成功地飞越山谷。同时，他还制成了带发动机的飞机，但是在1899年进行的一次试验中由于发生事故，他不幸遇难。

李林塔尔兄弟的另外一位弟子赫林刻苦地研究滑翔机，也取得了突破性的进展，被美国的滑翔机研究家夏纽特邀请到美国进行合作研究。在奥图逝世的当年，他们首次制成的滑翔机在密执安湖畔顺利起飞。这架滑翔机和李林塔尔设计的滑翔机样式相同，后来经过不断的改进，制成了带有上下复翼和水平尾翼、垂直尾翼的滑翔机。这种样式成了后来飞机的原型。

滑翔机的黄金时代出现在20世纪的两次世界大战之间。第一次世界大战结束以后，由于《凡尔赛和约》禁止德国制造大型飞机，德国人便充分利用自己在运动学和空气动力学研究上的优势，大力发展滑翔机，使滑翔机技术有了很大的提高。从1928年到1929年，他们开始利用积云和上升气流，拉长了在空中滑翔的时间。在第二次世界大战中，德国建立了利用大型滑翔机运载士兵和物资的特种部队，一时间相当活跃。

飞向蓝天的梦想

吉法尔的飞艇沿用了气球的结构形式,在飞艇技术上采用所谓"软式结构",即采用一个气囊,内部充入轻于空气的气体,使之达到一定压力,这样气囊就可以产生一定的浮力,同时保持一定的形状。这种软式结构保留了气球结构简单性的优点,但承受重量的能力很有限。

14. 世界上第一架飞艇

热气球发明后,给人们带来了很多惊喜,但它的飞行要依靠风力,并且难以按照人们的意志去控制飞行。到了19世纪,人们开始尝试在气球上安装"舵"和"帆",并在下面系上雪茄形小船,进行飞行试验。人们将这种航空器称为飞艇。驾驶飞艇可以在一定程度上控制方向,但是由于飞艇没有动力,速度问题还得不到解决。

随着蒸汽机、电动机的出现,尤其是1885年德国人卡尔·本茨和戈特利布·戴姆勒发明了实用的汽油发动机以后,一种新式的飞行器应运而生了,它就是飞艇。飞艇靠充气产生升力,由发动机推进,靠操纵系统控制,可以向任意方向飞行。

世界第一艘接近实用可操纵的飞艇,是法国的发明家亨利·吉法尔于1851年制造成功的。这艘飞艇长44米,直径12米,体积为2 499立方米。它由50马力的蒸汽机缓慢地带动一个直径3米多的三叶螺旋桨驱动,飞艇艇囊的外形好似一支"雪茄烟"。

1852年9月24日,在巴黎郊区的竞技场上,吉法尔把氢气充入艇囊,驾驶着这艘飞艇,以每小时10千米的速度在空中连续飞行了两个多小时,由巴黎飞到了特拉普。可惜的是,这艘飞艇的导向装置不大理想,所以在结束飞行时,居然不听人的指挥,落到了一个牧场里,压死了八头奶牛。

吉法尔的这次飞行虽然未能返回原地点,却创造了世界上第一次飞艇飞行的纪录。在这以后,人们不断对飞艇进行改进,使它成为一种空中交通工具。

现代飞艇

15. 飞艇发展的黄金年代

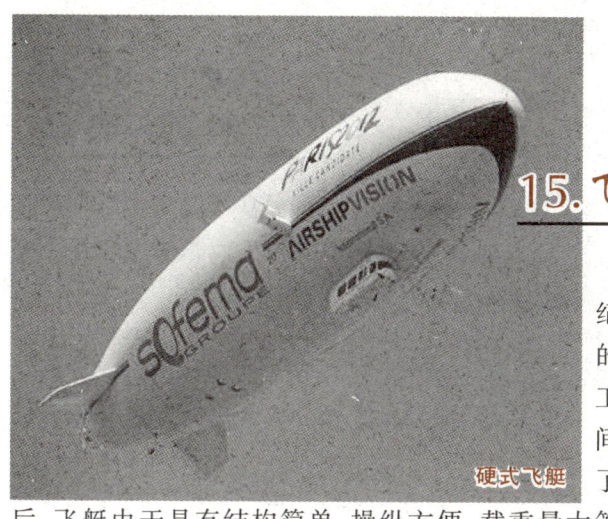

硬式飞艇

在飞艇的发展历史上,19世纪50年代到20世纪30年代是它的黄金年代。那时,飞艇作为交通工具来往于欧洲、美洲和亚洲之间,迅速舒适地运送着旅客,创造了许多纪录。就是在飞机问世以后,飞艇由于具有结构简单、操纵方便、载重量大等优点,仍然在空中交通中占有一席之地。

19世纪末,内燃机和电动机的研究进展很快,德国、法国和奥地利都开始研究在气球上安装发动机和电动机,作为飞艇的动力。法国人主要研制使用布袋的软式飞艇。一位叫圣西门的法国人从1899年到1907年不断地制造出软式飞艇,而鲁保迪兄弟则是制造飞艇的"大户",他们俩在1900年制造出的飞艇,安装了40马力的发动机,最高时速达40千米。后来,他们俩还制造出了装有100马力发动机的飞艇。

德国人和奥地利人则热心研制硬式飞艇。一位叫施瓦茨的奥地利人在1879年用铝薄板制造出了一艘硬式飞艇,使用的是戴姆勒发明的内燃机,以每小时25千米的速度飞行。但是,因为机身漏气,这艘飞艇没飞出多远就坠毁了。

1917年,德国人曾经使用飞艇向非洲运送药品,往返13 000多千米。它的这种远航能力和载重本领,令当时的人啧啧称奇。

1919年,英国人制造的"R-4"飞艇首次飞越航程5 800千米的大西洋获得成功。1929年,德国人造出了一艘超大型飞艇"齐伯林伯爵"号,艇身长达235米,装有五台550马力的发动机。它载着65名乘客从美国东海岸的赫斯特湖机场出发,用21天7.5个小时绕世界一周,实际飞行时间为286小时,平均时速110千米。值得称道的是,这架飞艇连续运行了7年,从未发生过事故。1933年,美国人制造出了长度近240米的充氢气飞艇"马可"号,它的直径为40米,装有八台发动机,腹部舱内可藏五架飞机,被称为"空中航空母舰"。

软式飞艇

飞向蓝天的梦想

16. 飞艇的"末日"

AU-30飞艇是俄罗斯最大的新一代飞艇，也是世界上最大的飞艇之一。

就在飞艇进入它的黄金年代时，一连串灾难性事故阻止了它的进一步发展。1921年，美国的"R-38"号飞艇在一次飞行中艇身突然着火，44名乘员包括该飞艇的设计师一起遇难。1923年，法国的"底斯米特"号飞艇在飞行时遭遇暴雨的袭击，结果雷电引起艇内氢气爆炸，使得52名乘员全部死亡。那时的飞艇充的都是氢气，氢气易燃易爆，有时在高空中遇到雷电风暴也会起火爆炸。类似的事故发生很多起后，再也没有人敢轻易问津飞艇了，世界各国也不再使用飞艇作为商业飞行的工具。随着造价低廉、运载便捷、安全性能好的飞机的出现，导致飞艇在一段时间完全被排挤出局，轻于空气的航空器时代就此基本结束，天空几乎成了飞机的一统天下。后来，美国人曾经制造出使用氦气的飞艇，仍然是回天无力，没过多久就宣布停止使用飞艇。不过，到了第二次世界大战期间，美国人又在东西海岸等地装备了168艘飞艇，用来给舰队护航，这些飞艇主要使用的是氦气。

就在飞艇消沉了几十年后，到了20世纪70年代，飞艇似乎又有了"复苏"的迹象。1972年和1973年，在联邦德国召开了再造飞艇国际会议。从1975年开始，美国航空与航天学会每两年就召开一次国际性会议，研究轻航空技术的发展。应该承认，飞艇本身具有一定的独特性能和用途，正因为如此，如今大多数发达国家才再度对飞艇技术产生了浓厚的兴趣。

17. 空中"巨鲸"

1936年3月24日，德国人历时4年零5个月制造出了"兴登堡"号飞艇，耗资360万美元。在当时，"兴登堡"号飞艇堪称奇迹，它的诞生也标志着飞艇制造业上了一个新台阶。

"兴登堡"号飞艇的艇身长245米，高44.8米，最大直径41.4米，总重量为230吨，载重量为19.06吨，气囊总体积达20万立方米，装有4台1 100马力的柴油发动机。巡航速度达到每小时121千米，续航时间可达200小时。"兴登堡"号飞艇下面的

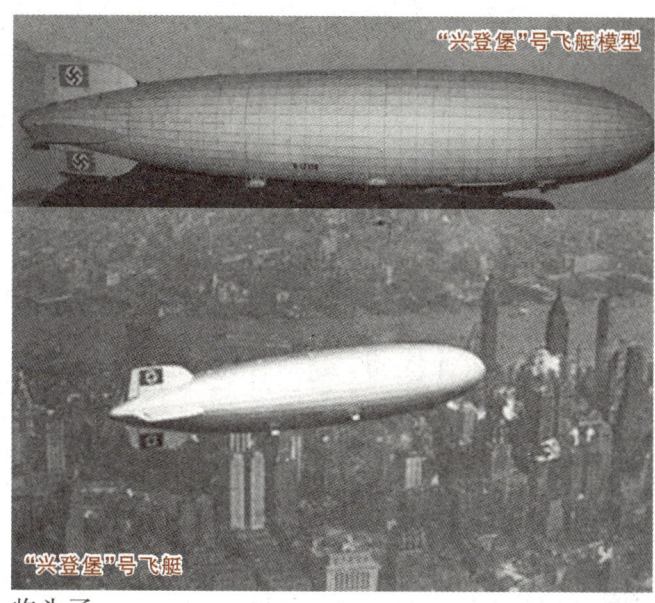

"兴登堡"号飞艇模型

"兴登堡"号飞艇

吊厢可载72名旅客,设有豪华的单人和双人舱室,舱室里有可供应冷热水的浴室,有一个大餐厅和一个图书厅。吊厢两侧还有走廊,旅客们可以像在海船的甲板上那样散步,隔着玻璃窗观看天上人间美景。

"兴登堡"号飞艇试航成功后,随即投入民航运营。德国人主要用它从事横跨大西洋的商业飞行,先后共飞行了63次。可惜的是,它在天上只神气了一年多,就大难临头了。

那是1937年5月3日20时15分,载着36名乘客和22名机组人员的"兴登堡"号,在地面一束束探照灯光的照耀下,从德国法兰克福的莱缅机场起飞,按计划向西北经过荷兰、英吉利海峡,转入浩瀚的大西洋,最后抵达美国新泽西州的赫斯特湖海军机场。这次航程从一开始就不顺利,起飞时天上下着小雨,到了大西洋上空又遭遇逆风,使得"兴登堡"号延迟了12个小时才抵达目的地。

5月6日18时15分,"兴登堡"号飞艇开始向地面高约22米的系留塔靠近。21分时,飞艇头部的系留绳抛下来。25分时,地面上的人发现飞艇起火了。只过了32秒钟的工夫,飞艇的气囊就烧光了,烧得发红的铝质框架纷纷坠落到地面上。机场上的90名工作人员和100多名迎接亲友和准备进行采访的记者,一个个吓得目瞪口呆。

一位名叫摩里森的芝加哥广播电台播音员,就是现场的目击者之一。当时,他正在录制准备在日后广播时用的唱片。正当他平静地报道着"兴登堡"号平安抵达的消息时,突然看见一个恐怖而令人悲痛的情景,他不禁地发出了一连串歇斯底里般的叫嚷:"……燃起来了……录下来……查理……录下来……让开让开……帮帮忙,各位……啊,老天爷,太可怕了!啊,我的妈……大家让一让……在烧呀!燃烧着从系留塔上坠下来了……。亲爱的听众,真是世界上最大的

飞向蓝天的梦想

灾祸呀！……骇人的景象……老天行行好吧……那么多的乘客……"

这场事故造成36名乘客和22名机组人员不幸丧生，1名机场上的地勤工作人员被掉下来的艇架烧死。

事故发生后，美、德两国立即组织了三个调查委员会调查这次空难的原因，最后得出了统一的结论：艇尾气囊中的氢气外泄，遇上飞艇上的电晕放电而引起火灾，这是事故发生的根源，可以排除人为破坏的可能性。

菲迪南德·齐伯林

18.创造神话的齐伯林

距离德国边陲城市弗赖堡西南部大约100千米处，有一座名叫康斯坦茨的小城。这里山峦起伏，德国境内最大的内陆湖博登湖就坐落这里。相传公元4世纪时，古罗马皇帝康斯坦茨在博登湖西面的莱茵河入口地区，建起了一个要塞，康斯坦茨城便由此而得名。

1838年7月8日，这里的一户贵族家庭里诞生了一个名叫菲迪南德·齐伯林的小男孩。他从小接受私人教师的教育，对新事物表现出了极大的兴趣。17岁时，他进入了路德维希堡陆军学校学习。

1863年2月，齐伯林前往美国，以美国北方联盟军事观察员的身份，密切观察当时正在进行的南北战争。在此期间，他在明尼苏达州的圣保罗，完成了一次绳索式热气球的升空。所谓绳索式，就是在热气球的下端用一条长长的绳索将其固定在地面。尽管用这种方法乘坐热气球不能尽兴，却让年轻的齐伯林头一次升到了700米空中，那如同鸟儿空中翱翔的体验和极目千里的美妙感觉，给他留下了极其深刻的印象。

1870年，普鲁士与法国开战，齐伯林仍然担任观察员。在巴黎被困期间，他发现法国人利用热气球对德军阵地进行军事侦察，还可以借此保持与后方之间的联络。齐伯林觉得热气球在军事上的用途不可估量，同时他也发现热气球尚需改进的地方还有不少，比如它的软式结构就是一个问题。

1874年4月25日，齐伯林第一次在日记中写下了他要建造硬式飞艇的构思。但是，这个构思的实施却是在16年后开始的。那时候，齐伯林已经52岁，以陆军中将的身份解甲归田，立即投入到了对于飞艇的研究中。制造飞艇的灵感最初来自于他的一位朋友。当时德国的铁路还不发达，这位朋友一直在考虑如何用其他方式加快邮寄速

"齐伯林"1号飞艇

度。于是,齐伯林打算帮助他设计一个空中货车。早期的热气球只能随风飘移,不能由人控制方向,而齐伯林设计的空中货车既可以由人驾驶,又可以改变飞行方向,还可以随意装卸货物。

齐伯林向大学的教授们说了自己的想法,却遭到众口一词的否定,特别是听说齐伯林要制造28米的大飞艇计划,教授们都认为那是根本行不通的。但是,齐伯林的决心毫不动摇,对自己的空中货车设计方案不断进行修改和完善,终于在1894年得到了"可转向飞行器"的生产专利。遗憾的是,就在这一年,威廉二世皇帝委托的评议委员会否决了飞艇的项目,只有德国工程师协会中的一个评定委员会在1896年对齐伯林的飞艇项目给予了肯定。

为了能让自己的构思变成现实,齐伯林义无反顾地办起了工厂,从1899年7月8日开始建造他的第一艘空中飞艇"齐伯林1号"。这是一条铝构架的篮子形状的硬式飞艇,铝构架上包着棉布,构架里面放着16个氢气袋,氢气袋由衬有橡胶的布制成,还装有16马力的汽油发动机,用来推动铝制螺旋桨。

1900年7月2日,这是博登湖畔居民感到荣耀的日子。就在这一天的傍晚时分,"齐伯林1号"在62岁的齐伯林和他的同事们的操纵下,从湖面上缓缓地升起来了。这是一条128米长的巨型"雪茄",它以时速30千米的速度飘移游荡了20分钟后,平安地降落在博登湖上。消息传出后,整个德国为之沸腾。齐伯林一下子成为德意志民族的英雄,成为一位创造神话的传奇人物。

在这次成功飞行的鼓舞下,齐伯林在1905年完成了"齐伯林2号",在1906年完成了"齐伯林3号",又在1908年完成了"齐伯林4号"等飞艇的试制工作。在此期间,齐伯林也遇到了许多麻烦,如"齐伯林2号"在暴风雨袭击下被打得支离破碎;"齐伯林4号"在飞行途中发动机发生故障,紧急降落时又被风吹到高空,突然起火爆炸。然而,德国广大民众已经认识到了飞艇的实用价值,他们纷纷给齐伯林寄来了热情洋溢的慰问信

飞向蓝天的梦想

和捐款,使得年逾七十的齐伯林经受住了失败的打击,保持着一往无前的旺盛斗志。

1908年9月8日,齐伯林用筹集到的600万马克资助款,成立了世界上的第一家飞艇公司——齐伯林飞艇公司。这家公司很快就得到了政府的资助,到了1909年又成立了德国航空运输有限公司,飞艇的研究有了比较可靠的财政保障。1910年,法国人利用齐伯林式飞艇建立起了定期空中航线。1911年制成的"齐伯林7号"装有420马力的发动机,时速达到了惊人的58千米,"齐伯林"飞艇由此进入了它的鼎盛时期。

有资料显示,截至1914年7月第一次世界大战爆发,齐伯林飞艇有限公司生产的飞艇一共进行了1 588次飞行,总计飞行3 175小时,行程182 525千米,运送旅客34 028人次。

在第一次世界大战期间,先后有87艘齐伯林式飞艇作为军用飞艇投入了战争,曾经大规模轰炸了法国的要塞城市列日。1915年,德国还出动了5艘"齐伯林"飞艇,越过英吉利海峡轰炸了英国的首都伦敦,造成了"齐伯林大恐慌"。当时,能飞到7 200米高度的"齐伯林"飞艇,让任何炮弹都望尘莫及。开始时,英国人对于德国的这种"超级武器"缺乏了解,不知如何对付,但是他们很快就想出了对策。那是1915年6月,当德国的"齐伯林"飞艇又一次大摇大摆地闯入英国领空时,英国飞行员立即驾驶飞机从它的上方投掷了6枚9千克重的炸弹,使其当即爆炸坠毁。但是,当时的飞机载重量有限,投掷的炸弹威力还不够强大,尽管"齐伯林"飞艇庞大的身躯极易被敌方飞机发现并遭到攻击,但是在1917年之前,"齐伯林"飞艇一直是英国领空的一大威胁。

1917年3月8日,齐伯林伯爵在柏林以79岁的高龄去世。他被隆重地安葬在斯图加特市的布拉格公墓,墓碑上他的头像下面刻有三行德文:只要你有个愿望,并且相信它会实现,它便会成功。非常遗憾的是,这位德国航空史上以及人类航空史上的先驱未能看到飞艇作为客运交通工具活跃在空运事业中。

2004年7月4日,一艘新型的"齐伯林NT"号飞艇离开德国前往日本,开始了历时一个月的航程,以纪念1900年齐伯林飞艇的首次飞行。

飞机具有两个最基本的特征：一个是它自身的密度比空气大，而且是由动力驱动前进的；二是飞机有固定的机翼，由机翼提供升力，使飞机飞上天空。不具备以上特征，就不能称之为飞机。比如气球或飞艇，它们的密度小于空气，就不能算是飞机。再比如滑翔机，它没有动力装置，也不能算是飞机。和其他交通工具相比，飞机有很多优点，比如速度快、机动性高、安全舒适等。但是飞机作为交通工具也有自身的局限性，比如价格比较昂贵、容易受天气情况影响、起降场地有限制等。尽管如此，飞机的诞生和普遍使用还是帮助人类征服了蓝天，也把人类的交通事业带入了一个崭新的领域。

飞机与空中交通工具的故事

飞机时代的到来

1.马克沁的巨型蒸汽飞机

18世纪末期,气球在欧洲的飞行成功大大激励了人们制造比空气重的飞行器的热情,许多科学家和发明家为此进行了多方面的研究和勇敢的试验。

要能成功地制造一种比空气重的飞行器,当时必须妥善地解决以下三个问题:飞机的动力问题、升力问题和在空中稳定与操纵的问题,其中动力问题是飞机能否成功的关键所在,也是后来飞机的发展过程中起主导作用的因素。

18世纪60年代,英国工业革命开始不久,徒工出身的英国机械师瓦特在一台蒸汽抽水机的基础上,于1769年制成了世界上第一台蒸汽机。它很快就作为动力用于工业各个领域,以蒸汽机为动力的轮船和火车也在1807年和1814年相继发明出来。于是,就有人尝试用蒸汽机作为飞机的动力。1890年,法国人阿德尔制造出了一架装有蝙蝠形翅膀的飞机,上面安装了一台20马力的蒸汽机,由于蒸汽机的重量太大,飞机根本飞不起来。同一时期,英国人马克沁在飞机上安装了一台180马力的蒸汽机,马力是够大的,同样因为蒸汽机过重而无法飞行。还有俄国人莫查伊斯基,他在1882年制造过一架机翼像平板似的蒸汽飞机,也以失败告终。

以发明重机枪闻名的美国发明家希拉姆·史蒂文斯·马克沁,有一个深藏在心中多年的愿望,那就是进行航空器的研究。当机关枪的发明给他带来了丰厚的利润后,他就有条件去实现自己的愿望了。在经过多年苦苦钻研后,他还是苦于搞不到一台轻型发动机。他曾经许愿说:"如果谁能给我一台发动机,只要它能发出一个人的能量,而其重量又不超过一只火鸡的话,我便给他一架飞机。"这样的发动机在今天俯拾皆是,然而在19世纪末期,却是航空界的先驱们梦寐以求而不可得的珍宝。马克沁只能无奈地说:"既然轻重量的发动机举世难求,那么就看我造一架能装上蒸汽机的巨型飞机吧!"

马克沁是个说话算数的人,从1891年到1894年,他一直坚持研制以蒸汽机为动力的飞机。几经

老式飞机模型

周折,他终于制成了一架巨型飞机。这架飞机是利用空心钢管、铁丝、木材及帆布等材料精工制成的,翼展长达32米,飞机的全重达3 600千克,上面装有两台各为454千克推力的蒸汽锅炉,带动两副四叶螺旋桨,每根螺旋桨长6米。飞机分上下两层,下层甲板上装着锅炉、燃料、水及三名司炉人员;上层甲板距下层3米,有操纵人员及连接在各操纵面上的装置。按照马克沁的计算,当机翼倾斜角为7.25度,空速为4英里(约6.4千米)时,发动机产生的升力能达到一万磅(4 540千克),足以把飞机提高到60厘米的高度。

1894年7月31日这一天,随着马克沁的一声令下,蒸汽飞机的巨型螺旋桨飞快地转动起来。驾驶员可能是由于过度紧张,也许是精神溜号,反正是一下子被甩到了地上,无人驾驶的飞机猛烈地向前滑动,脱离了跑道,向一侧颠覆后机翼折毁,这时飞机上的锅炉还滋滋地喘着气。这次蒸汽飞机试验就此告终。

此后,马克沁没有了经费,也没有精力来从事航空方面的试验了,于1914年带着遗憾离开了人间。

兰利

2.兰利的"悲剧"

很显然,用蒸汽机作为飞机的动力是不可行的。就在"山重水复疑无路"的时候,德国人奥托于1876年制成了世界上第一台四冲程汽油内燃机。19世纪末期,以内燃机为动力的三轮和四轮汽车先后制成。内燃机的发明并成功地用于运输工具,为早期飞机的试制提供了有效的动力。

内燃机问世后,很多人立刻想到将它用到飞机上,美国的天文学家兰利就是其中之一。从自制内燃发动机,到制成飞机,兰利用了很长时间,幸好他得到了美国政府的资助,再加上本人的勤奋努力,终于在1903年制成了一架飞机。

1903年10月7日这一天,兰利选择了波托马克河上的一艘带有屋顶的船,作为自己飞机的试验场地,他准备让飞机从那上边起飞。然而,就在搬运飞机的时候,飞机的轮子拌在了船的缆绳上,飞机掉进了河里。围观的人们见此情景哄堂大笑,试验无法进行下去了。兰利并未因此而灰心,在这一年的12月8日再次进行试验。结果,同样的事故鬼使神差一般的又发生了,这一下人们不仅嘲笑兰利,"比空气重的动力飞机是不可能飞行"的论调也甚嚣尘上,报纸上铺天盖地的都是报导兰利试验失败的消息。兰利成了人们茶余饭后的笑柄,他完全丧失了信心,不得不停止了飞机的制造。

飞机时代的到来

很久以后，一位叫卡蒂斯的工程师，在博物馆里看到了兰利制造的那架结构精巧的飞机。他认为这么好的飞机完全能够飞上天去，于是就用它进行了飞行试验，结果兰利制造的飞机飞行得相当出色。在某种意义上可以说，兰利是最早制成了能飞的飞机的人。只是由于他的意志不够坚强，还有其他一些因素作怪，才使得他将飞机发明第一人的殊荣拱手相让给了自己的同胞莱特兄弟。

老式飞机

3.莱特兄弟梦想成真

威尔伯·莱特和奥维尔·莱特是兄弟俩，他们分别于1867年和1871年出生在美国俄亥俄州达顿市的一个清贫的牧师家庭里。由于家庭经济条件的限制，莱特兄弟都没有受过大学教育。但是，他们有着强烈的求知欲望，而且有着共同的人生信条，那就是可以做一个生活上的贫民，但一定要成为知识的富翁。

莱特兄弟对于飞行的爱好萌生于1879年，那一年父亲从外地给他们买回一架玩具滑翔机。他们兴高采烈地将这只小飞机放得满院子飞，看到小飞机在天空中翱翔的情景，探索飞行的热情和兴趣就在他们幼小的心灵扎下了根。

长大以后，莱特兄弟为了谋生在达顿市里开了一家莱特自行车商店，销售问世不久的自行车，同时开展自行车的维修业务。他们的生意越做越好，却没有忘记儿时的飞行梦想。他们搜集来当时能够找到的各种和飞行有关的书籍和资料，经常在一起进行制作飞机模型。哥哥的性格内向，不爱说话，但是意志坚强，喜好读书，思考周密；弟弟性格外向，动手能力强，极富想象和创造力。感情很好的莱特兄弟优势互补，干事情和想问题总是配合得很默契。

威尔伯·莱特和奥维尔·莱特

这一天，莱特兄弟从报纸上得知德国人奥图在进行滑翔机试验中不幸坠机遇难的消息，不由得大吃一惊。以前他们都读过奥图写的《作为航空基础的鸟类飞行》这本书，对于奥图

54 飞机与空中交通工具的故事

非常敬佩。这个事故并没有使他们望而却步,而是激发起了他们发奋努力的决心,一定要实现飞上天空的宏愿。

当时,人们对研制飞机存在着两种不同的意见:一种是先制造出飞机,用飞机直接进行飞行试验,从而积累经验,改进飞机性能;另一种是先通过滑翔机的滑翔飞行取得实际经验,再进行飞机制作。莱特兄弟

经过反复认真的考虑,采取了第二种意见。他们首先从制造滑翔机开始,最初用各种箱形风筝进行试验,接着又在1899年制成了一架装有上下翅膀的箱形滑翔机。他们居住的达顿市是个一年四季不大刮风的地方,对于滑翔机的试验很不利,于是他们来到了北卡罗来纳州的基蒂霍克海岸,从砂丘坡上拉着缆绳迎风跑下,滑翔机乘风而起。前几次试验都不顺利,机身上下猛烈摇摆,大约飞了30米便摔了下来,他们只好返回达顿市对机身进行改进。他们在滑翔机上安装了与地面保持平行的舵和与地面垂直的垂直舵,这样就可以防止滑翔机在空中翻转或突然下降。

1901年,莱特兄弟设计建造了用来试验翅膀和气流关系的风洞,对200种以上的翅膀形状进行了研究。到了1902年秋天,莱特兄弟已经进行了近千次的滑翔试验,比较充分地掌握了飞行理论和滑翔机的驾驶方法。

这一天,莱特兄弟来到达顿市附近的霍夫曼大草原上,躺在松软的草地上谈论起了飞机。

"哥哥,你看!"顺着弟弟手指的方向望去,只见一只矫健的老鹰展开翅膀,缓缓地在空中转过一个弯。它的一边翅膀后边缘向上翘着,另一边则向下弯曲。哦,原来老鹰是用翅膀的边缘变化来控制转弯的。看到这个情景,兄弟俩热烈地讨论起来,很快就达成了一个共识:不应该像过去那样,试图通过悬吊在滑翔机身下的人的身体动作来控制飞行,而应该用机械来控制机翼变化操纵飞行,这样会更直接更有效。

于是,莱特兄弟在一架没有机身外壳也没有起落架的双层机翼的滑翔机上,安装了由他们自己动手制造的可以扭转方向的机翼翼片,解决了飞机稳定飞行这个关键问题。但是,那时还没有结构轻、功率大的发动机。经过苦心研究,他们利用自己的机械制作绝活,给它安装上了当时比较理想的汽油活塞式发动机,它能够产生12马力,而重量却有68千克。可是用什么螺旋桨呢?他们利用风洞进行吹风试验后,确定用双叶轻型木质螺旋桨。他们用自行车链条把两副螺旋桨连接到了发动机上,就这样,世界上第一架以活塞发动为动力的飞机"飞行者"号诞生了。

1903年12月17日上午,是莱特兄弟进行"飞行者"号试飞的时间。兴奋的莱特兄弟发出了50张请帖,结果只有五个人前来捧场,因为没有人相信装有笨重汽油机的滑翔机会飞起来。试验的地点还是在北卡罗来纳州的基蒂霍克海岸边。一个古怪的东西停在沙丘上,它前后各有两层互相平行的翼面,还有一片竖着的小翼面伸在后翼上面。各翼面之间由许多支柱之类的东西连着,看上去就像一个笨重的"书架",又像一只"鸡笼"。与现代飞机相比,它的构造十分简陋,性能也很差。

"飞行者"号就要起飞了!先是弟弟奥维尔担任驾驶员,有人上前用力转动它的螺旋桨——当时的飞机发动机就是用这种方式启动。一会儿,发动机"噼噼啪啪"地响了起来,螺旋桨跟着转了起来。"飞行者"号滑动了一段距离后,离开了地面。"啊,它飞起来了!"人们发出了欢呼。是的,它飞起来了,尽管它离开地面只有3米高,尽管它在空中摇摇晃晃,像一个刚刚学步的婴儿,尽管它只在空中停留了12秒钟,尽管它的飞行距离只有37米,但它毕竟是人类历史上第一架能成功载人飞行的飞机,人们当然要为此欢呼,为"飞行者"号的制造者莱特兄弟而欢呼。

接着是哥哥威尔伯担任驾驶员。这一天共飞行了四次,莱特兄弟交替飞行,他们都获得了成功。最后一次试飞用了59秒钟,飞行距离为260米,飞行速度与自行车的速度差不多。这在今天看来,自然是微不足道的,即使在当时,也没有引起轰动,"飞行者"号试飞成功过了五年,在美国还是只有屈指可数的人知道这件事,一些人甚至认为这不过是无稽之谈。1908年,纽约《前锋报》的著名记者布朗·牛顿以目击者的身份,撰写了一篇报道寄给一家杂志社。这家杂志社的编辑竟将原稿退回,上面还有一行批语:"你的作品看来既不是记叙文,又不像神话小说。"

在这鲜为人知的五年中,莱特兄弟仍然不断地研究和改进他们的飞行器。继第一架"飞行者"号成功上天后,他们又在1904年5月制造出了第二架"飞行者"号,并在霍夫曼大草原上先后进行了105次飞行,最长的一次飞行时间达到5分钟,飞行距离达4.4千米。这架飞机在一次急转弯时,由于操纵不灵,飞机失速,掉到地上摔坏了。这一年冬季,第三架"飞行者"号又造出来了,在霍夫曼草

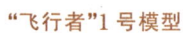

"飞行者"1号模型

原上进行了50次飞行。这架飞机在设计上把操纵副翼和方向舵的钢索分开，这样操纵起来就变得更灵活了，能够成功地完成转弯、盘旋和"8"字航线飞行。1905年10月5日，第四架"飞行者"号由哥哥威尔伯驾驶，做了持续38分钟的长时间飞行，飞行距离达到了38.6千米。

有了这样的成就，莱特兄弟以为他们一定会得到美国军方的支持，便向美国陆军部申报了他们的设计，不料对方置之不理。他们又同英国政府谈判，但是英国人只想看看飞机，并不愿出钱。1970年5月，哥哥威尔伯带着新制成的第五架飞机去了欧洲，试图和欧洲人商谈专利和飞机制造事宜。几个月过去了，没有得到任何结果，他只好失望而归。

整整五年的时间过去了，莱特兄弟没有得到任何收入。1908年，莱特兄弟终于时来运转。当他们制造出了第六架飞机时，美国陆军部表示同意观看他们做一次飞行表演，这使他们感到十分欣慰。接下来，法国财团提出想购买他们的专利，条件是先表演，后谈判。于是，莱特兄弟将两架新制作的飞机拆开装箱，一架由弟弟奥维尔运到美国华盛顿附近的迈耶堡兵营，另一架由哥哥威尔伯运往法国。

先说哥哥威尔伯，他被法国人安排到了距巴黎约200千米的勒芒市附近的霍拉得尔跑马场。这位发明家兼飞行员先是把飞机细致地装配好，反复检查和试车，然后认真地研究周围的地形和当地的天气情况，为此耽误了一些时日。法国人等得不耐烦了，因而疑窦丛生，报纸上开始出现攻击莱特兄弟的文章，说他们是吹牛大王，甚至推论整个事件可能是一个骗局。但是，威尔伯成竹在胸，他在等待着有利的天气条件。1908年8月8日，威尔伯看见天气明朗，他把飞机检查完毕，没有做任何宣布，径自跳上飞机，围着跑马场在空中飞行了一分半钟，飞行高度为10米。法国人顿时大开眼界，纷纷改口称赞威尔伯是"真家伙，真本事"。以后，他又做过几次飞行，有一次还把法国经纪人伯格的夫人带上了飞机，在勒芒市城郊飞行了2分零3秒钟。这件事情很快就传遍了整个法国，成了所有报纸上的头条新闻，还都配发了威尔伯的照片。一时间，颁奖、授勋、送礼品的络绎不绝，欧洲的一些工商企业家也都争相购买他的专利。

威尔伯驾驶的这架飞机有两个座位，装有一台30马力的发动机，翼展

2006年6月22日，法国人让·弗朗苏瓦·雅克兰驾驶着"飞行者"3号飞机的复制品在法国的勒芒机场降落，以此纪念威尔伯·莱特驾驶"飞行者"3号在法国创下的飞行纪录。

飞机时代的到来　57

为12.19米,飞机重363千克,飞行速度为每小时56~64千米。这架飞机能在空中飞出"8"字航线,说明它已经较好地解决了平衡和操纵问题。在欧洲,当时还没有人见到过性能这样良好的飞行器。从1909年开始,以法国为首的欧洲各国,在飞机制造方面取得了巨大进步,这与威尔伯的这次飞行表演的影响是分不开的。

再说弟弟奥维尔,他在美国迈耶堡阅兵场的试飞也大获成功。有一次他驾驶飞机在迈耶堡阅兵场周围飞了55圈,创造了连续飞行一个小时的世界飞行纪录,美国陆军决定订购他们的飞机。至此,莱特兄弟声名大振,美国人终于发现在自己国内竟然有这么两位伟大的发明家。

4. 半路出家的航空理论家

莱特兄弟在1903年完成了"飞行者"号的试飞后,曾不止一次地宣称:他们之所以能够获得成功,完全是因为继承了人类若干年来从事航空活动的经验,也是他们的老师奥克塔夫·查纽特直接教导和帮助的结果。

查纽特于1832年2月18日出生在法国巴黎,他的父亲是大学教授。他7岁那年,随家迁居到了美国。17岁时,他进入纽约哈德逊铁路公司当了一名工人,在工作中显示出了聪敏才智和丰富的想象力,21岁时就升为部门的工程师。19世纪中叶,美国铁路大规模向西部延伸,查纽特作为一名工程师,带领工人们把铁路轨道从纽约地区一直铺设到了太平洋岸边。在此期间,他因为发明了将枕木用沥青浸过以防腐的方法而闻名。此外,他还设计过著名的芝加哥联合大屠宰场,还有纽约的高架铁路电车等工程。

查纽特51岁那年,从铁路部门辞职,专门从事架桥工程,在密苏里河及密西西比河上留下了他的杰作。57岁那年,他退休后定居芝加哥。从此,他开始倾注自己的全部精力,研究起过去15年里自己最感兴趣的业余爱好——航空理论。

查纽特设计的滑翔机

多年来,查纽特搜集了有关航空理论方面丰富的资料,阅读得非常认真细致。从59岁时开始,他陆续在报纸杂志上发表有关航空理论的文章。到了1894年,他的文章竟然汇编成书,取名《航空器之发展》。在这本书中,他从鸟类飞行的研究谈起,对过去和未来的航空器做了详尽的阐述和探讨,并附有各种设计图及说明,使空气

克莱门特·埃德尔是一位非常有名气的设计师。1890年10月9日,他在巴黎郊区驾驶着自己设计的"埃尔德·约勒"飞机进行了一次蒸汽机动力低空飞行,高度大约为160英尺。同时,他还驾驶着自己设计的"埃尔德"第三代军用飞机飞行至900英尺的高空。"埃尔德"第三代军用飞机的设计完全源于自然,不仅其外形非常像蝙蝠,而且机翼内部结构也与蝙蝠很相似。

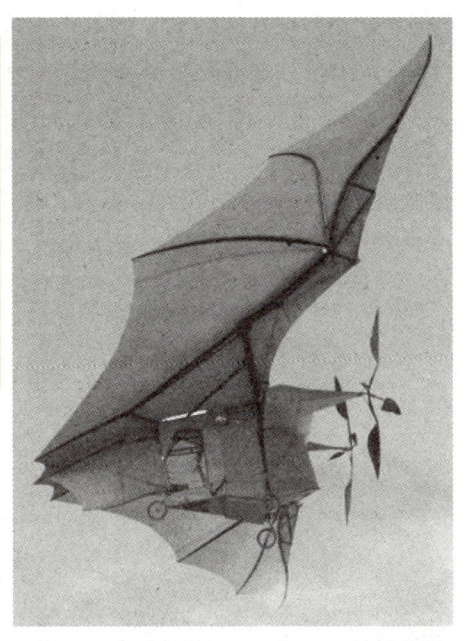

动力学的原理及其运用在理论上前进了一大步。从当时的情况看,这是人类有史以来关于航空方面最完整、最系统的著作,就连那些航空理论界的权威们,对于查纽特这位半路出家者也是刮目相看。

查纽特对于"蝙蝠飞行家"李林塔尔兄弟非常崇拜。但是,他认为蝙蝠机翼不可能使人长时间地飞行,只有制造出一种固定的、可灵活操纵的、具有安全性能的金属机翼,才能保证完成这项使命。于是,他便按照这一思路着手设计起滑翔机来。1896年,已经64岁的查纽特看到了自己设计的滑翔机制造成功。这是一架双翼机,两翼之间采用造桥构架的理论,使用了一种现在名为"布来特构架"的张线,将它们连接起来。这种连接方法后来成为双翼机的标准形态,一直沿用到今天。实践证明,用这种方法连接的双翼,既可增加安全性,又不妨碍升力。机翼之下,是一副安放飞行员的架子,一条横杆在两腋之下撑住身体,两根竖杆用双手抓牢,下边还有一个小小的座位,这个座位在多数情况下并不使用,因为那时在空中飞行的时间只有10~20秒钟。机后的水平尾舵由飞行员手中的杆直接连接和操纵,可以上下活动,十分方便。

查纽特将试验场地选在了距离芝加哥约45千米的密执安湖边的一个沙滩上。根据记载,这次试验进行得很成功。查纽特还当场亲自驾驶了这架滑翔机。后来,查纽特和他的同伴们驾驶这架滑翔机共飞行了近1 000次,估计时速可以达到25~40千米,滑翔距离多次超过30米,从未发生过任何事故。

正是由于《航空器之发展》一书的广为发行,还有这次双翼滑翔机的飞行成功,再加上新闻媒体的大肆宣传和报道,使得查纽特一时间闻名遐迩。国内外的许多科技协会请他去做讲演。据报道,他1903年赴法国的一次讲演,对欧洲航空事业的发展具有深远的影响。

当时,世界各地的航空爱好者纷纷写信向查纽特求教。在这似雪片一般飞来的信

飞机时代的到来

函中,有一封寄自美国俄亥俄州达顿市的信件,写信者自称迫切地盼望着将来能升空飞行,希望得到帮助。发信日期是1900年5月13日,签名的是威尔伯·莱特(即莱特兄弟中的哥哥)。从此,查纽特和莱特兄弟便开始频繁地进行通信往来,直至10年后查纽特去世为止。在通信过程中,查纽特对莱特兄弟的资质和天才越来越赏识,于是以长者的身份鼓励二人,并在经费、理论和实践经验上给予支持和建议。10年中,他们交换的信件多达400多封,查纽特成了莱特兄弟的航空理论函授老师。莱特兄弟曾经这样自豪地告诉别人:我们的成功不过是比较幸运地抓住查纽特的结论罢了。

布雷里奥

5. 飞越多佛尔海峡

榜样的力量是无穷的。莱特兄弟的成功,极大地鼓舞了当时喜爱冒险的人们投身到了飞行试验中去。

1909年初,法国的拉坦和布雷里奥分别制定了驾驶飞机横越多佛尔海峡的计划。他们的计划一公开,就在社会上引起了热烈的反响。法国再次出现了像蒙哥费尔兄弟和查理发明热气球时的那般狂热,就连海峡对岸的英国人也怀有极大的兴趣期待着,英国的《每日电讯报》还提议为这次飞行设立100英镑的奖金。

拉坦比布雷里奥抢先一步,在当年7月就匆匆忙忙地进行飞越海峡的试验。但是,他在28千米航程中的20千米处,发动机出了故障,飞机坠入了波涛汹涌的大海中,拉坦在危急中获救。

五天以后,布雷里奥从容不迫地驾驶飞机越过多佛尔海峡,只用了38分钟的时间,就安全降落在了英国的海岸上。英国方面为了庆祝布雷里奥的成功,鸣放礼炮给以盛大的欢迎。

1919年,英国的奥尔科克和美国的布朗驾驶"皮卡斯维密"号飞机首次安全横越了大西洋。1924年,美国的史密斯和纳尔逊驾驶飞机第一次绕世界飞行了一周。同年,法国人费尔伯的飞机创造了时速448千米的优异记录,这相当于布雷里奥横越多佛尔海峡速度的9倍。

1934年,意大利的阿杰罗驾驶水上飞机创造了时速790千米的纪录,但是这架飞机是为了创造新的飞行速度纪录而专门制造的,并没有什么实用意义。

6. 杜芒与"蜻蜓"型飞机

桑托斯·杜芒

就在莱特兄弟在世界上第一次操纵重于空气的飞行器进行有动力飞行的同时,欧洲的一些航空先驱也在热火朝天地探索重于空气飞行器的有动力飞行,其中卓有成就的要算法国的桑托斯·杜芒。

杜芒的原国籍为巴西,少年时候就喜爱探险,10岁时在其父亲的咖啡种植园中学开火车,以后到巴黎求学。1897年,他自制了一只气球升上了天空。1898年,他开始对飞艇进行研究和试验。他的第一艘可操纵的飞艇撞在一排大树杈上损坏了。两天后,经过整修的第二艘飞艇在飞行过程中,气囊从中间裂开,幸亏有几个男孩子抓住了引导绳,拼命拉着飞艇朝逆风方向跑,从而减缓了飞艇下降的速度,杜芒才幸免于难。接着,他又制造出第三艘飞艇,却在飞行中因为方向舵失灵而摔坏了。到了他的第五艘飞艇问世时,杜芒已经是小有名气了。

当时法国有一个飞艇大奖赛,奖金为12.5万法郎,由法国实业家杜特生·牧德提供,条件是驾驶飞艇由巴黎市郊的圣克劳得飞到埃菲尔铁塔,再飞回原地,时间在30分钟之内。杜芒报名参加了这个大奖赛,他驾着飞艇成功地绕过了埃菲尔铁塔,但是由于当时的风势较大,气囊撞到树上破裂了,他随着飞艇掉到一家旅馆的六层楼上,由救火员把他救了下来。尽管接二连三地遭遇失败,可是杜芒毫不气馁,终于在1901年10月19日,驾着他的第六艘飞艇夺得了飞艇大奖赛的奖金。

1906年9月13日,杜芒驾驶着自己设计的"14复型"飞机,在法国的比加特里飞行了大约7米的距离,其后又飞行了约60米,最后终于以21秒时间完成了220米的飞行距离,获得法国航空俱乐部授予的首次完成100米飞行的奖励,并赢得了欧洲第一位动力飞行者的称号。

杜芒的"14复型"飞机形状奇特,机翼是用数个方盒形状的风筝拼成的。这巨大的机翼安在机身的后方,另用一只大盒子装在机头位置上,作升降舵用。这架飞机起飞时,不是先在地面上滑行,而是悬吊在杜芒制造的第14艘飞艇下方放出去,因此它被命名为"14复型"。后来,杜芒又把它悬空吊挂在钢绳上放出去。这架飞机在当时

飞机时代的到来　61

出尽了风头,但是对后来的飞机制造并未产生重大影响。

"14复型"飞机试飞成功后,杜芒再接再厉,又研制出了一架被命名为"19号"的袖珍飞机,于1909年3月飞上了天空。它是后来闻名于世的"蜻蜓"型飞机的第一架,翼展只有5.5米,飞行速度可达每小时97千米。它的主要构架是由三根竹竿组合而成,飞行员坐在下面两根竹竿之间的一块帆布上。发动机装在机翼上,还有一个可操纵的帆布尾翼。飞行时,飞行员就像操纵着一只飞虫,在人们头上嗡嗡地飞来飞去。

"蜻蜓"型飞机在技术上并不是十分成功,但是它在航空史上却被认为是世界上最早的轻型飞机。另外,它也是航空史上完全用个人的经费制造出来的第一架"家庭飞机"。杜芒宣布:他的设计决不申请专利,而且可以向所有人免费提供。

一位英国作家在1904年曾经对杜芒做过这样的描述:"天生就身材瘦小,体重看来不会超过100磅,但他肌肉健壮,全身充满活力。我第一次与他见面是在伦敦的克里斯特尔宫,他正在大厅里装配飞艇。我第一眼看到他时,还把他当成一个孩子,认为他可能是一个对飞行器很感兴趣的旁观者。他的脸很光滑,胡子刚刚刮过,看起来很年轻。他戴着一顶窄边草帽,穿着很时髦。过了片刻,他脱去大衣,指挥手下人把巨大的扇形方向舵装上飞艇。飞艇赫然耸立在我们面前,就像一个巨大的橄榄球。这时,人们才看出他的才能。他是巴西人,长着一副黑黑的脸庞和两只又黑又大的眼睛。他步伐敏捷,言谈有力。他的幼年是在巴西他父亲的咖啡种植园里度过的,他的后半生大部分时间住在巴黎,虽然也常到英国和美国去访问。他的西班牙语、法语和英语都讲得很流利。他待人谦虚谨慎,谈起他的发明总是毫无保留……"

胡戈·容克斯

7.容克斯的创举

1859年2月3日出生的德国人胡戈·容克斯,20岁时开始攻读热动力学,30岁时开设了一家生产多种试验性发动机及锅炉加温通用设备的工厂,积累了丰富的实践经验,40岁时成为热动力学教授。当20世纪的航空热潮到来时,他也投身到研制飞机的队伍中,并在1915年2月12日研制出了世界上第一种全金属无支架、无张线的单翼张臂式飞机J-1型。这架飞机在研制过程中曾用人力和沙包进行过静力试验,这也开了世界航空史上的先河。

1917年10月,容克斯与聘请来德国工作的荷兰飞机设计师安东尼·福克合作,开设了容克斯-福克飞机工厂。为了减轻重量,容克斯在所生产的飞机上采用了波纹

铝蒙皮,这成为航空技术和合金冶炼技术上的一大创举。

德国在第一次世界大战中战败后,根据《凡尔赛和约》,德国不得制造军用飞机。为了获得先进的军用机,容克斯飞机工厂于1920年前后分别在苏联、瑞典、日本等国设置分厂,仿制他国先进型号或研制自己的飞机,也取得了一定成果。

当时,民航业开始兴起,却没有真正意义上的民航机,英、法等国都是将战时留下来的多余军用机改装成民航机。容克斯意识到开发专用的民航机是大势所趋,于是他立即动手,在自己制造的J-10飞机的基础上,设计出了一种带封闭驾驶舱和座舱的四座单翼民航机J-13(后来成批生产时改名为F-13)。这种飞机创造了首次采用金属螺旋桨的先例,并作为世界上第一种专门设计的民航机被载入史册。

J-13飞机于1919年6月25日进行了首飞,同年9月13日在试飞中创下了6 750米的高度纪录。由于它设计出色,可以适应多种气候环境,受到了广泛称赞,风行一时,至1932年共生产了322架。

后来,容克斯开始研制自己的发动机,设立了容克斯发动机公司,重点在运输机研制方面下工夫。到1945年第二次世界大战结束时,共研制了大小21个型号的运输机,其中以1932年5月问世的Ju523/M最为出色。这种型号的飞机至1944年停产时,共生产了4 835架,出口239架,其使用年限及影响在世界航空史中仅次于美国的道格拉斯DC3,二战后仍有83架用于多家航空公司运营,瑞士空军拥有的Ju523/M更是用到20世纪80年代后期才全部退役。当然,在希特勒统治期间,容克斯奉命为纳粹研制出了著名的Ju87俯冲轰炸机、Ju86和Ju88等型号的轰炸机,这成了容克斯一生的污点。

8.米格内特的家庭飞机

米格内特于1893年出生在法国。他在机械方面具有一定的天赋,十几岁时就对航空事业产生了兴趣。18岁那年,他与世界滑翔机之父德国人李林塔尔兄弟建立了联系,向他们请教制造飞机的问题。第一次世界大战后,米格内特开始进行有动力飞机的试验。他设计的第一架飞机几乎没有飞起来,但是在1927年,他却制造出了能够成功飞行的HM-8型飞机。

> 法国人米格内特尝试设计了一架任何人都可以制造的飞机,由于机体很小,所以得名"飞行跳蚤"。

20世纪20年代,家庭制造飞机在美国非常流行,但是在欧洲几乎没有人从事这项事业。在英国和法国,飞机的制造都是在工厂里完成的。米格内特决定向公众宣传他的HM型家庭飞机。为了使自己的飞机易于制造和飞行,米格内特在HM-14的设计中,采用了一些非正统的设计元素。他设想这架飞机不需要副翼、升降舵和方向舵踏板就可以飞行。他在飞行员头顶上面的位置安装了一个支架,飞行员通过一个可以前后移动的操作杆,就可以控制机翼在支架上旋转的角度,从而控制飞机的俯仰运动,还可以通过左右摇动控制杆来移动方向舵的舵面,实现转弯。米格内特对媒体宣称:任何可以用钉子钉出一个木箱的男人,都可以制造他自己的HM-14飞机。

法国的新闻媒体对于米格内特的新飞机产生了浓厚的兴趣,于是开始跟踪报导。米格内特在1934年11月出版了一本书,详细地介绍了怎样制造HM-14飞机。这本书出版后,越来越多的人对HM-14飞机产生了兴趣。

米格内特获得了成功,到1935年3月,光是在法国就已经制造出了500架HM-14型飞机。

9.飞机轮胎制作大王

说到航空器,就不能不提到橡胶,没有特殊橡胶制作的轮胎,很难想象飞机如何平安着陆。在全世界生产制作飞机轮胎的公司中,法国的米其林公司很有名气。

米其林公司历史悠久。1886年,安德烈·米其林和爱德华·米其林两兄弟继承了外祖父开办的一家小制造工厂。三年后,弟弟爱德华·米其林成为这家制造工厂的唯一经理,公司的商号变成了"米其林"。经过多年的演变,

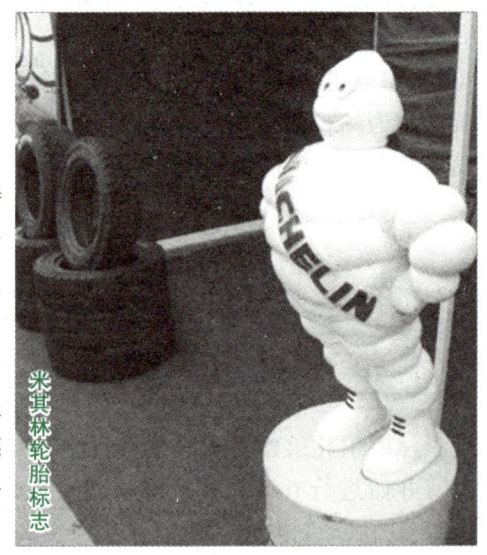

米其林轮胎标志

米其林公司成为生产轮胎的专门厂家。它在1946年发明的子午线轮胎，与可口可乐、麦当劳一道成为当今全球知名度最高的三大品牌。他们首创的PAX安全轮胎有一个压力报警系统，当轮胎破损时可以自动报警；具有充满凝胶体的内圈还改善了轮胎的性能，提高了运动性和安全性，带来了轮胎工业的又一次革命性变革，它和新型协和飞机轮胎技术一样，令业内同行望尘莫及。奇怪的是，法国航空公司制造的协和飞机最早并没有使用米其林牌轮胎。

协和式超音速飞机在2000年7月25日之前，有着26年数千万千米从未失事的纪录，它一直是航空界安全性和速度方面一颗闪亮的明星。虽然协和式飞机有着出色的设计，但是它也具有一些致命的缺陷：高起飞速度对轮胎的磨损极大，尽管更换频率达到了普通喷气式飞机的五倍，轮胎还是经常发生爆裂；同时，机翼中的燃料箱也没有进行足够的防撞加固，而这在较新型的飞机中是必需的预防措施。

2000年7月25日，从大陆航空公司的一架飞机上脱落了一块钛制耐磨衬带，落在了法国航空公司的一架即将从巴黎起飞的协和式飞机的跑道上。当协和飞机的轮胎与这根耐磨带碰撞时，轮胎上一大块橡胶被撕下甩入机翼中，在其表面撞开了一个600平方厘米的大洞，导致燃料泄漏燃烧，使飞机上109名乘客全部丧生，"闪亮的明星"就这样陨落了。

应法国航空公司的恳切请求，米其林公司为协和飞机特意研制了一款新式加固抗爆轮胎，使这只"超音速大鸟"得以重返蓝天。法国航空公司的人士表示，如果没有米其林公司的帮助，协和很可能"插翅难飞"。米其林公司目前还是美国航天飞机计划唯一的轮胎供应商。

米其林公司在保护科研成果方面有着自己的诀窍，他们敢于向任何人说"不"，想进入他们的"领地"可不是一件容易的事情。1959年6月12日，法国总统戴高乐将军来参观工厂车间时，他的随行人员只能在大门外等候。总统尚且如此，就更不要提别人了，甚至连消防人员也都从未进入过工厂的大门。在米其林人的心中，稍不留神就会使多年的研究成果付之东流，使公司的技术革新泡汤。

飞机时代的到来

10. 喷气式飞机的先行者

进入20世纪20年代后期以来，飞机的研制发展迅速，木架包布结构的飞机逐渐被硬铝结构的飞机所代替，并且发明出了代替双翼机的单翼飞机。最初，制造单翼飞机的设想遭到了许多人的反对。他们认为，把长长的翅膀装在机身上，只靠翅膀根部来支撑那是很困难的，翅膀会因为重量太大而垂下来。双翼式飞机的上下翅膀之间用几根支柱和金属丝交叉拉起，翅膀不会下垂。但是，主张采用单翼机的人们认为，飞行时使机身上升的升力作用在翅膀上，翅膀不但不会下垂，反而会上升，绝对没问题。

试验证明，正如单翼机的设计家们所设想的那样，单翼机不仅能安全飞行，而且由于取消了双翼机的支柱和金属线而减少了空气阻力，反而提高了速度。不过，它的转弯性能不如双翼机。

第二次世界大战期间，飞机的需求量大大增加。德国、英国和美国等国家在飞机的改进和创新方面做了大量工作，使得螺旋桨式飞机使用的活塞式发动机逐渐被新型的喷气式发动机和涡轮螺旋桨发动机所代替。新研制的飞机为了减少空气阻力，机翼面积不断缩小，轮子也可以收缩到机身内。

这时生产的各类飞机性能都比较优异，但是当时速达到700千米以后，就难以提高了。超过这一速度就接近音速了，由于在接近音速时会出现所谓激波阻抗的空气阻力，飞机所受到的阻力等于在水中飞行的阻力。而且，旋转的螺旋桨端部是在比机体速度大得多的速度下在空气中运动的。因此，当机身的速度接近音速时，螺旋桨的旋转速度就更加接近音速，而这时螺旋桨已无能为力，所以螺旋桨式飞机的时速不能超过600~700千米。为了提高飞机的速度，人们转而开始研究喷气式飞机。

翻开世界航空史册，无一例外地记载着世界上第一架喷气式飞机是1939年8月27日试飞成功的。这无疑是千真万确的，然而鲜为人知的是，在此28年前，就有人已经制造出了世界上的第一架利用喷气技术推进的飞机，其制造者是罗马尼亚人亨利·科安达。

1905年，科安达曾经在布加勒斯特制造过一个火箭推进器的模型。五年后的10月在巴黎展览会上，他展出了世界上第一架利用喷气技术推进的飞机，引起了很大的轰动。不过，在巴黎展览会结束后两个月的一天，即1910年12月10日，

美国海军老式T-2"橡树"喷气教练机

这架飞机成了一堆废铜烂铁。

那天,科安达驾驶这架飞机飞行归来时,正在检查机上的那台喷气发动机接近地面时的工作情况,发现热喷气流过大,担心会把飞机烧着了,便集中精力去调整喷流,却没有意识到飞机正在迅速地增速。当他抬起头时,不禁大吃一惊,巴黎城墙正迎面朝他扑来。此时已经根本来不及停车或转弯,科安达不得

美国空军 P-59 型喷气式战斗机(前)与 P-63 型螺旋桨战斗机,组成编队飞行。

不迅速拉起了操纵杆,企图将飞机拉起来。遗憾的是,他没有飞行的应急经验,而且也不熟悉这架飞机的操纵系统。结果,飞机突然急速上升,紧接着便来了一个倒栽葱,猛地一下坠向地面。先是左翼触地,紧接着整个飞机瘫成一堆,科安达在飞机触地的瞬间被抛了出来,幸免于难,飞机却起火烧报废了。

科安达的这架飞机与后来德国人和英国人研制出来的那种涡轮喷气式飞机有着很大不同。但是,它的确具有后来出现的函道风扇的设计思想。因此,有一些专家和学者认为科安达功不可没,称他是现代喷气式飞机制作的鼻祖或先行者。

11. 第一架喷气式飞机

这是 1939 年 8 月 27 日拂晓,在德国马利纳赫镇的一个私人飞机场上,停着一架没有螺旋桨的飞机。当时的飞机都是有螺旋桨的,所以它在人们的眼睛里边就显得很古怪。飞行员瓦西茨来到停机坪上,登上这架飞机,发动了飞机油门,伴随着发动机发出巨大的轰鸣声,它的尾部排气管喷出了越来越多、越来越大的热气,只见它呼啸着从跑道上滑过,一下子冲进了正现出曙光的天空之中。待到东方大亮时,这架飞机安然地返回了地面。世界上第一架喷气式飞机 He-178 就这样顺利地试飞成功了。

这架喷气式飞机是德国飞机设计师亨克尔和发动机专家奥海恩共同心血的结晶。亨克尔出生在德国南部一个名叫格龙巴赫的小村庄,父亲是当地的一个

飞机时代的到来　67

管子工。亨克尔大学毕业后,开始从事飞机设计,1922年12月1日,他创建了以自己名字命名的恩斯特·亨克尔航空有限公司。1939年,亨克尔找到研制喷气式发动机屡遭挫折的奥海恩寻求合作,两个人一拍即合,随即开始密切配合,协调工作,一个设计飞机,一个设计燃气涡轮发动机,研究工作进展得顺利,终于设计制造出了He-178喷气式战斗机,它的诞生标志着人类航空史上喷气飞行时代的到来。

He-176现存的唯一一架原型机

为了严格保守秘密,亨克尔和奥海恩特意将第一次试飞安排在天亮之前进行。然而,世界上没有不透风的墙,这次试飞的情况及结果还是被传了出去。几个月后,当这个消息传到英国时,同样在进行喷气式飞机研制的弗立克·惠特尔不由得大吃一惊。

12.惠特尔奋起直追

惠特尔在4岁那年得到的圣诞礼物是一架模型飞机,谁也不会想到,这竟促使他立下了终生从事航空事业的志向。1929年,22岁的惠特尔从英国空军学校毕业,他在毕业论文中第一次描述了喷气发动机的设计原理,不料想这篇论文只得了60分,原因是教官对他的设想根本就不理解。这个60分并未使惠特尔气馁。毕业后,他全力以赴地投入到了喷气发动机的研制中。经过辛勤的努力,1937年初,世界上第一台涡轮喷气发动机终于在惠特尔的手中诞生了。

弗立克·惠特尔

同年4月12日,惠特尔高高兴兴地请了许多人来观摩他的试验。一切准备就绪后,一台带动喷气发动机的马达启动了。当马达的转数升到每分钟1 000转时,喷气发动机点火了,更大的轰鸣声在试验场上响起来。突然,喷气发动机的轰响声变成了刺耳的尖叫,围观的人们意识到一场爆炸事故即将发生,立即向四周逃跑。只有一个人向那台危险的发动机

冲了上去,只见他麻利地切断了发动机的燃料供应,使其在几秒钟后停了下来,从而避免了一场灾难的发生。这个人就是惠特尔!他在这几秒钟里的举动,日后屡屡被人提及,因为他表现出了一个发明家通常不被人注意的优秀品质:忘我为人,临危不惧,反应敏捷,果敢行事。

第一次试机失败后,惠特尔继续进行研究。跨入1940年后,他的喷气发动机已经基本上达到了实用要求。正在此时,他得到了德国人的喷气式飞机已经试飞成功的消息,这个消息使惠特尔加快了试验的步伐。

1941年5月14日傍晚,一架英国空军的E-28/39喷气式飞机从克伦威尔机场起飞,在空中呼啸着飞行了17分钟,然后骄傲地飞回到欢呼的人群上空。

惠特尔继亨克尔和奥海恩之后取得了成功,从此喷气式飞机逐渐取代了带螺旋桨的活塞式飞机,成为飞机的主流型。

13. 哈维兰与喷气式客机

德·哈维兰(左)与英国另一位著名飞机设计师汉德莱佩季在一起。

1882年出生的英国人德·哈维兰,从少年时代起便非常崇拜杜芒和莱特兄弟等航空先驱。29岁时,哈维兰与他人合伙制造了一架双翼机,并由此学会了驾驶飞机。

第一次世界大战期间,作为飞机设计师的哈维兰设计出了一种时速为160千米的DH2型歼击机,这是当时英国唯一能与德国福克式歼击机相抗衡的飞机。大战结束后,独具慧眼的哈维兰开办了一家飞机公司,专门生产轻型与廉价的小飞机,供业余飞行者们在周末时使用。这种名为"蛾式机"的小飞机,是一种全木制双翼机,机翼可以顺着机身向后折起,以便停放,售价仅约2 500美元。

第二次世界大战中,哈维兰又设计制造出了一种既是轰炸机,又是照相侦察机,还可兼作昼夜使用的歼击机的全能飞机,这就是当时举世闻名的"蚊式机",编号为DH93。"蚊式机"大部分用木料制成,既能减轻重量,又可减轻战时钢铁工业的负荷,自1940年至二战结束,"蚊式机"一共生产了7 000多架。我国空军在抗日战争时期就使用过这种飞机。

1943年,盟国已经感到战争胜利在望,一些有眼光的政治家们开始做战后经济恢

飞机时代的到来

复的展望。在不列颠和平计划中，就有战后发展喷气式客机的设想。英国政府指定由有关研究所负责解决喷气发动机方面的问题，而由哈维兰负责完成机身部分的设计和制造任务。在当时的条件下，要进行万米以上的飞行，就要解决旅客所需的增压座舱及

哈维兰公司二战后研制的"吸血鬼"喷气式战斗机

暖气设备等问题，存在的困难是很多的。在高空高速条件下飞行时，飞机的材料问题也没有经验可供借鉴。尽管如此，哈维兰经过多次试验和研究，还是在1946年研制出了两种原型机。第一种编号为DH106，后来取名为彗星式，它装有四台涡轮喷气发动机，巡航速度为每小时800千米。第二种编号为DH108，取名为燕子式，这是一种后掠翼飞机。

1946年5月8日，燕子式飞机造好后，由哈维兰的长子、哈维兰公司的首席试飞员小吉佛利·哈维兰出马试飞。哪知，这位首席试飞员为了创造时速980千米的世界纪录，在一次试飞时竟机毁人亡。伤心的哈维兰放弃了"燕子"，专心致力于"彗星"。1947年1月21日，彗星正式定型，每架飞机定价为45万英镑（约225万美元），正是它成功地完成了世界第一架喷气式客机首次载运旅客的航班任务。

这是1952年的5月2日下午，蜂拥而至的人群聚集在伦敦机场，他们想亲眼目睹彗星式喷气客机的首航。这次班机由伦敦至罗马，只用了两个小时。半个世纪以来，飞机的时速由100千米提高到400千米，已经让人们惊诧不已。现在，时速一下子又增长了一倍，怎么能不令人万分惊讶呢！一个旅客可以在伦敦用早餐，罗马吃午饭，而在日落前又可以舒舒服服地回到家中，也可以在一天当中两度横越大西洋，这在当时看来，简直是奇迹了。

首航成功后，旅客们一致认为彗星式喷气客机十分快速舒适，订座者排满了几个月，甚至英国皇室人员也都急着要尝试一下这种既快又稳、又无噪音的新飞机。英国的一家航空公司立刻订购了24架彗星式喷气客机，别的国家的许多民航公司也抢着订购，一时间"彗星"热遍全球，"彗星"的光芒遍布欧、亚、美、非各洲。

只可惜好景不长，彗星在飞行了一段时间以后，灾祸接踵而来，开始是一连

哈维兰公司研制的喷气式客机"彗星"4号

串的小事故，后来又酿成巨大的灾祸。1954年1月10日，一架彗星式喷气客机满载着旅客从远东飞往伦敦。突然一声巨响，这架仅飞了3000个小时的飞机，就在意大利的厄尔巴岛上空炸得粉碎。到了4月份，一架彗星式客机在罗马机场起飞，30分钟后通信联络中断，这架飞机在空中爆炸了。这两次事故震惊了世界航空界，英国首相丘吉尔下令，不惜一切代价，以最快的速度搞清失事的原因。

英国政府派出舰队赶往飞机坠落的海域进行打捞，那真是名副其实的海底捞针，但他们硬是把飞机残骸从海底一块一块地捞起来，然后由科研人员进行分析研究，终于找到了"罪魁祸首"——金属疲劳。在20世纪50年代初，人们对金属疲劳还知之不多，虽然哈维兰在选择飞机材料时，提出的设计要求已经比正常操作下所受的压力增加了两倍，但是仍然承受不住连续飞行的压力，从而产生金属疲劳，使机身发生破裂。既然找到了毛病，哈维兰便不遗余力，把这项新发现用于改良喷气式客机上，终于造出了新型的彗星4号飞机。由于前车之鉴，彗星4号经受了民航史上最严格的材料应力试验，那些严格的检验官员，把彗星4号拿去接受相当于飞行80年的试验，终于得到满意的结果，彗星又重新上天了。

1958年10月4日，崭新的彗星4号正式成为第一架进入飞越大西洋定期航线的喷气客机，使伦敦与纽约间的空航时间缩短为6个小时。

如今，无论是彗星式还是燕子式，都已黯然消逝，代之而起的是更为先进的各种新式的喷气客机，但是彗星的经历却为今天的民航飞行安全开创了一条坦途。它的设计者哈维兰在1960年溘然长逝，享年82岁。

知识链接

飞行服为什么是夹克式的？

20世纪50年代初，在西欧某国举行的一次陆海空军联合军事演习中，一位技术高超的飞行员驾驶着一架当时最先进的飞机刚刚离开地面，机翼在空中摇晃了几下，便一头栽在跑道边的草地上。经过认真追查，有关方面终于找到了事故发生的原因，原来是这位飞行员上衣的一颗纽扣在飞机起飞时不慎落在设备中，使设备失灵，造成机毁人亡。这个事故震动了整个欧洲，从此，飞行服上的纽扣和金属拉链逐渐被取缔，代之以尼龙拉链。同时，为了使飞行员在狭小的飞机座舱里行动自如，避免衣领、下摆挂座舱内的开关，造成事故，又逐渐把飞行服设计成紧袖口和束腰的夹克式样。

飞机时代的到来　71

人类历史上的第一架载人直升机

14. 直升机的诞生

与其他飞行器相比,直升机的发明要艰难得多,人们遇到了许多复杂的力学、空气动力学和机械学方面的问题。可是世界上偏偏有一些人,就是不肯向困难低头,敢于向困难挑战。正是在这种精神的推动下,20世纪30年代后期,直升机的发展有了突破,并迅速地向实用型方向迈进。

1768年,法国的一位叫波克顿的数学家有过制造直升机的设想,但是那时没有合乎要求的发动机,因此这个设想不可能实现。

1878年,意大利的发明家福拉尼尼大胆地用蒸汽机来带动"中国陀螺"式的机械装置上升,试飞时飞到12米高,飞行时间为20秒钟。可以说这是世界上第一个直升机模型。但是,这种模型在飞行时有一个严重的缺点,那就是在上升过程中整个机身会出现打转的现象。

进入20世纪以来,由于内燃机的逐渐进步,更多的人投入到了直升机的试验中。自从美国的莱特兄弟首次飞行成功以来,飞机的发展获得了辉煌的成就。但是飞机在起飞时要滑行很长距离,因此必须在有机场的地方起飞,或者制成水上飞机在水上起飞。于是,人们便开始考虑能否制造出起落简便的飞机。有人想到用螺旋桨将力量向上传,就像用竹片制造的儿童玩具竹蜻蜓那样,把飞机拉到空中。

1907年,法国人科纽制造出了世界上最早的直升机。同年8月24日,法国发明家布雷盖驾着由他设计制造的一架装有四副旋翼、由一台36.75千瓦的内燃机带动的直升机飞离了地面。虽然它离开地面才1.5米高,而且由于不稳定而无法飞离原地,稍稍飞起就得落下,不能实际应用。但它却是世界上第一架载人直升机。

柯蒂斯-布里科尔直升机

比利时人弗罗林从1927年开始研究双螺旋桨的直升机,于1933年制成了样品。荷兰人福克在1937年设计出了一架采用双桨横列式旋翼的FW-61福克阿吉斯直升机。虽然它的模样有些古怪,但是表现尚可,成为世界上第一架

"PV-2"单旋翼直升机

能够在空中盘旋的实用的直升机。这年秋天,女飞行员汉娜驾驶着它在柏林机场上空做了空中悬停、垂直上下、左右旋转飞行的精彩表演,令围观的人们大开眼界。随后,汉娜又驾着它以每小时68千米的速度从柏林飞到了伦敦,完成了直升机历史上的第一次远行。

第二次世界大战爆发后,由于直升机无法用于作战,德国人中止了对于它的研制。可是,喜爱追求新奇事物的美国人仍然继续研制这种看来只能用于表演的飞机。真正像样的直升机终于在1939年面世了。这是世界上第一架能够被人操纵的直升机,它的机顶上有一个巨大的单翼螺旋桨,尾部有一个尾桨,用来保持机身的平衡,它的外表至今仍被当代的飞机设计师们所采用。它的设计者叫西科尔斯基,是一位移民到美国不久的俄罗斯人。

第二次世界大战结束后,直升机的发展突飞猛进。现在人类已经能够大量制造各种类型的直升机,大型的直升机可以吊装相当于一节普通火车车厢大小和重量的货物,而小型的直升机适用于空中飞播种子和洒农药。

15.现代直升机之父

1889年5月25日出生于俄国基辅的伊果尔·伊万诺维奇·西科尔斯基,自幼立志献身于航空事业,后来真的如愿以偿。20岁那年,他到法国去旅行,亲眼看到欧洲的一些飞行家们热衷于各种飞行试验,在钦羡之余,便从法国买了一台15马力的发动机运回国,他决心自己制造一架飞机进行飞行试验。经过多次失败后,他的飞机终于试制成功了。有一次飞行时,

他的飞机因油路中断而迫降,经过仔细的检查,最终发现一只蚊子淹死在汽化器里,塞住了油路。从这只蚊子引起的事故,西科尔斯基产生了一个念头,如果有几个汽化器,换句话说,就是有几台发动机同时在工作,那么一只蚊子就不会带来更多的问题了。这就是西科尔斯基想研究多发动机飞机的动因。

1913年5月13日晚上9时,24岁的西科尔斯基在圣彼得堡郊外的机场上忙活了一整天,准备驾驶自己设计制造的一架装有四台发动机的飞机进行试飞。试飞原定在第二天进行,但是急性子的西科尔斯基认为,此时机场比较空闲,而且正是圣彼得堡的"白夜"时期,到晚上10时天还不太黑,于是他不顾疲劳,决定驾驶飞机飞向天空。

在数千人的围观下,这架飞机飞了约250米高,在空中停留10分钟后安全落地。试飞成功以后,官方正式命名这架飞机为"俄罗斯勇士"号。"俄罗斯勇士"号重约4 545千克,翼展为28米,时速可达100~130千米。那时还没有合适的大型机轮,大胆的西科尔斯基决定采用16个轮子,左右起落架各为四对。这架飞机内部的装备,在当时是非常先进的。座舱里有四个发动机转速表,两个高度表,一个内装酒精的"U"形玻璃管,接在一个空气压力接收器上,以指示空速,还有一个小球放在弯曲的玻璃管中,作为倾斜仪使用。

1919年西科尔斯基移居美国,1928年加入了美国籍。来美国后,他的生活一度没有着落,在朋友们的帮助下,他的航空事业才得以继续,并组建了一家西科尔斯基航空工程公司。这个公司人手少,经费困难,成绩欠佳。到了1937年,西科尔斯基在直升机研究方面取得了很大进步,他巧妙地发明了在机尾装一副垂直旋转的抗反作用力的小型旋翼。随后,他向联合飞机公司提出,共同研制直升机。结果,不到三年工夫,西科尔斯基就从根本上解决了直升机飞行不稳定和机身打转的

"R-4"直升机

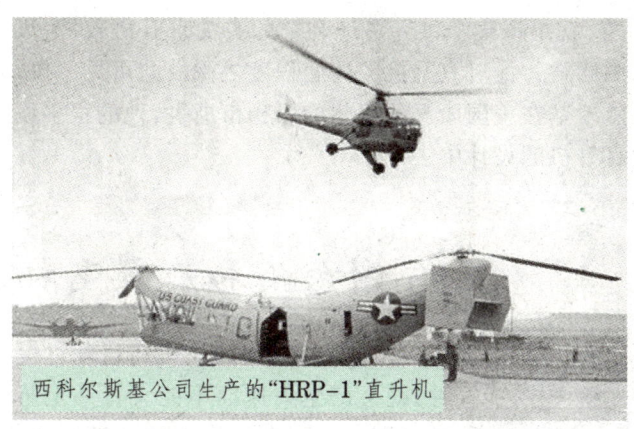

西科尔斯基公司生产的"HRP-1"直升机

老问题。其实,西科尔斯基的办法简单明了又实用:就是在直升机尾部安装一个在垂直方向旋转的小旋翼——尾桨。

1939年9月14日,西科尔斯基身穿黑色西服,头戴鸭舌帽,爬进座舱,轻松地把一架VS-300直升机提升起来,离地大约二三米,平稳地悬停了10秒钟之久,然后轻巧地降落回地面。这是人类航空史上崭新的一章,他成功地让世界上第一架真正意义上的直升机升空了。经过反复试飞,VS-300具有良好的操纵性能,具备了现代直升机的基本特点,成为这一领域的"经典作品"。直升机发展到今天,它的结构和外形与VS-300直升机仍然很接近。西科尔斯基曾经驾驶VS-300的改进型R-4直升机创造了空前的飞行纪录:时速125千米,升限1524米。

1941年5月,西科尔斯基又研制出了R-4双座直升机,主旋翼直径为11.58米,最大重量为1 152千克,使用一台185马力的活塞发动机,巡航速度为每小时109千米,航程为320千米,升限达到1 524米,能够垂直起降、悬停、前飞、后飞、侧飞以及无动力自转下降等。R-4双座直升机具备了现代直升机的所有飞行特点,在此基础上,西科尔斯基又研制出了R-5和R-6型直升机,使其性能更为完善,生产这种系列直升机的联合飞机公司从中赚了大钱。

R-4的诞生标志着直升机发明史上最艰难的探索时期已经结束,从此它走上了迅速发展的道路。

西科尔斯基于20世纪50年代末退休,这位闲不住的老人总是经常到工厂进行巡视,工人习惯地称他为"伊果尔大叔"。

知识链接

直升机为什么能飞起来?

一般的飞机在起飞前,必须在跑道上滑行一段距离,当拥有了足够大的水平速度之后,获得了比自身重量大的升力,这才能飞起来。直升机却不用跑道,能够直接飞到空中,这是因为直升机的上边有一个螺旋桨,它在转动时会给地面一个推力,同时受到地面给它的反作用力,这才得以升空。至于后来出现的具有垂直起落本领的飞机,它没有螺旋桨,但在尾部有一个喷气口,起飞时就会从中喷出强劲的气流,将飞机直接托到空中。直升机不仅能直接升空,还能停在空中不动,这是鸟儿无法做到的。直升机怎么能做到这一点呢?奥秘还在螺旋桨上。当直升机的螺旋桨不停地转动时,就会产生一个升力,正好能克服来自地球的向下的吸引力,于是它就稳稳当当地停在空中了。

飞机时代的到来

晚年,他别无所好,唯一喜爱的消遣,就是搜集全世界各地刊登的有关直升机救护、灭火等消息的文章和图片,加以细细欣赏,他对直升机的迷恋程度之深由此可见一斑。1972年10月26日,84岁的西科尔斯基在美国康涅狄格州的伊顿市逝世,他的很多设计思想至今仍然被人们用到现代直升机的设计中去。

16. 谢尔伯和旋翼飞机

旋翼飞机

20世纪初,普通飞机在速度过慢时,就会产生失速而不能飞行乃至坠毁的事故。西班牙优秀的数学家拉·谢尔伯为了减少普通飞机的这种危险,产生了制造一种"特殊"飞机的念头:它不会失速,即便失速也可以像竹蜻蜓那样,由向上旋转的旋翼转动起来以防坠毁。即使旋翼不用发动机驱动,只要飞机在前进,受到空气的冲力也会自然地旋转,这样就会产生向上的升力。当飞机的翅膀因失速而不起作用时,飞机也会由旋翼的升力而浮起,再缓慢滑翔降落。此外,起飞时由发动机驱动旋翼,也可以帮助产生升力。

谢尔伯经过一番艰苦的努力,在1923年获得了成功。人们把他发明设计的这种介于直升飞机和普通飞机之间的航空器叫做旋翼飞机。谢尔伯先后制成了五架旋翼飞机,其中三架失败了,其余两架飞行性能良好。他认真总结了旋翼飞机的飞行理论,写成书公之于世。

旋翼飞机一度发展得比较快,时速达到了160千米左右。但是,旋翼飞机要比直升飞机复杂得多,不能在空中停留,只能向前向后向左向右飞行。随着直升机的迅速发展,加上旋翼飞机自身的一些缺陷得不到根治,所以它逐渐地消失了。谢尔伯在1936年的旅行中因客机失事而不幸逝世。

在旋翼飞机和直升飞机发明出来后,许多的欧美技术人员开始研究不用机场的飞机。有的美国人曾经设想,将飞机整体像航天火箭发射装置那样直对天空,使发动机全力运转进行起飞。但是,这种方式对驾驶人员十分不利,特别是着陆时更难。因此,它很快就被否决了。欧洲人研究的结果是,在垂直起降飞机起飞时,喷气发动机先向上,喷射气体使飞机垂直起飞后,发动机再向前。1963年,按照欧洲人的理论制造的垂直起降飞机开始进入实际应用。

有专家认为,垂直起降飞机的研制才刚刚开始,它的前途无限光明,未来的飞机恐怕只有垂直起降这一种。

航空事业需要高尖端的科学技术做保障,而与智慧同等重要的是,人类勇于向未知领域探索的勇气和不惧艰险的无畏精神。正因为如此,人类的航空史才不等同于科学进步史,它还是彰显个性与勇气的历史,航空史上许多壮举都是具有个性与勇气的人完成的。后人在讲述他们的故事时,也许在一定程度上出于好奇,但人们不应该忘记的是,正是他们的献身精神,才推动着航空事业一直发展到今天这样的辉煌地步,而我们每个人都能从中受益。

飞机与空中交通工具的故事

航空史上的传奇

1. 航空全才包德温

美国民用飞艇

托马斯·斯柯特·包德温的一生与航空结下了不解之缘,开始时他只是一名跳伞家,后来成为飞艇制造家兼飞艇驾驶员,再后来又成为飞机制造家兼飞行员,最后还当上了气球制造家。正因为有了这么多经历,他才被人们誉为"航空全才"。

1854年6月30日,包德温出生于美国密苏里州帕美亚城的一个医生家庭里。他的幼年十分不幸,父母都在内战中身亡,他被迫从小就得独自谋生,送报纸、点路灯、推销旅行书刊,什么脏活累活他都干过。一个偶然的机会,他结识了一位好心的马戏团演员,从此开始了杂技生涯。聪明伶俐的他被指定专攻秋千和走钢丝,经过一番刻苦训练,他能在横跨两栋大楼之间的钢索上走来走去。19岁那年,他曾在太平洋岸边约230米高的两座山岩之间做过走钢索表演。后来,随着热气球运动的火爆,他又表演起热气球升空的节目。没过多久,他想出了一个花招,要表演从热气球上跳伞降落,这在当时可是一个不可思议的惊险特技。

1887年的一天,包德温在三万多市民的注目下,从旧金山公园上空约300米处完成了伞降。这项惊人的表演活动由当地电车公司主办,门票由他们收,付给他的报酬是按高度计算的,1英尺(约0.3米)1美元。在那时,这可是一笔可观的财富。几个月后,熟能生巧的包德温在伊利诺伊州的昆西城,创造了约1 370米高度的气球跳伞新纪录。全城民众为他惊人之举所感动,集资做了一枚特大的纯金质的奖章赠给他,上面还镶有6颗重量为半克拉的钻石。除了酬金以外,他还得到了一个500美元的红包。

通过高空跳伞而在美国国内名声大振的包德温趁热打铁,带着他的一球一伞开始了环球旅行表演。他先到英国,接着到欧洲大陆各地表演,随后来到日本和东南亚以及澳大利亚等地表演,一路收获甚丰。回到美国时,他已经成了百万富翁。

有钱之后,包德温着手开办一家专门培养气球飞行员和跳伞员的学校。他退出跳伞队伍时已经43岁了。他先后跳伞800多次,没有发生过严重摔伤事件,真可谓大幸。

　　1900年，包德温定居在加利福尼亚州的圣荷瑟城，开始从事他早已向往的飞艇事业。他根据自己两次环球旅行的经验，以及自学到的有关飞艇的知识，投资制作飞艇。头几年他差不多花光了全部积蓄，飞艇也没有飞起来。为了解决资金问题，他自制了一个大气球，用绳索牵住，一美元一张票，送人上天去玩，用赚来的钱继续进行研制。多亏苍天保佑，到了1904年，他终于造出来一艘飞艇，取名"加利福尼亚箭"号，上面装有汽油发动机，以螺旋桨带动前进。就在这一年，在圣路易举行万国气球博览会，他抓住这个机遇，带着他的汽艇到博览会上做表演。飞艇远比气球壮观，而包德温的飞艇又比其他参加者的飞艇性能优越，因而轻松地获得2.5万元的奖金。更重要的是，圣路易的成功给他带来了新的国际声誉，国际航空联合会做出决议，授予他第一号飞艇驾驶员执照。美国陆军部认为飞艇可以用于军事，又与他签订合同，由他监制一艘取名为SC-1的军用飞艇，并派包德温为机长。SC-1的外表是椭圆形气囊，全长30米，直径为6米，内装560立方米的氢气，下面悬挂着一个木制的敞开式机身，装有一台24马力的四缸发动机，带一副旋转直径为3米的螺旋桨，最大速度为每小时35千米，巡航时间为两个小时。除了两名乘员外，它还可以携带70千克的货物。由于当时正处在和平时期，美国陆军没有定制第二艘飞艇的计划。直到第一次世界大战爆发，美国海军从战争需要出发，又请包德温设计制造了另一艘为海军服役的飞艇。

　　1907年，包德温受到莱特兄弟制造的飞机的启发，在1907年和朋友柯蒂斯共同设计制造出了名为"白翼"号的固定翼飞机。这是一架双翼机，翼展为10米，使用一台24马力的四缸发动机。这架飞机的先进之处就在于设计安装了飞机的副翼。包德温亲自驾驶这架飞机升空飞行，并教会了柯蒂斯。很少有人会想得到，由此起步的柯蒂斯最终竟然成了美国著名的飞机设计权威，在第一次世界大战及其以后的十几年中，美国的那些军用飞机大都出自柯蒂斯之手。

　　第一次世界大战开始后，气球在战争中被广泛地运用于防空、侦察等方面。包德温担任过美军通信兵部气球队队长，还担任过设在俄亥俄州阿克龙市的古得意公司气球生产部的主任，负责制造用于军事的气球和阿克龙式软式飞艇。1923年，这位深受人们喜爱的航空全才因病逝世。

固定翼飞机

航空史上的传奇

查尔斯·林白(中)登机之前

2.第一个完成纽约巴黎直航的飞行员

将东半球和西半球隔开的大西洋,过去一直是欧洲与美洲之间进行贸易的障碍。自从飞机成为远程运输工具后,人们就千方百计地想利用飞机来逾越这一障碍。早期飞越大西洋的活动,主要是设法使飞机能够从欧美之间距离最短的水面上飞过去。从北美到欧洲大陆的北航线,要飞越3 220千米,而且经常要在强逆风和不良气象条件下飞行。南航线是从非洲塞内加尔的达喀尔到南美洲巴西的纳塔尔,距离约3 050千米,气象条件较好。为了建立这两条空中直达航线,一些航空先驱们曾做过许多次飞行试验,有的甚至为此而捐躯。

美国人奥特格早在1919年就设立了一项奖金,他明确规定:"该款将赠给第一位驾驶重于空气的航空器,由纽约至巴黎或法国海岸,或由巴黎或法国海岸至纽约,而不在中途着陆的飞行员。"直到1927年,这笔奖金才被一位25岁的美国飞行员得到,他的名字叫查尔斯·林白。

林白独自一人驾驶着一架名为"圣路易斯精神"号的单翼飞机完成了这次飞行。为了制造这架专门用于飞越大西洋的飞机,圣地亚哥的瑞安飞机公司花了60天的时间。这架飞机的主要特点就是载油大,除了一个狭窄的座舱外,凡是有一点空隙的地方,几乎都安装上了油箱,能够一下装载约3 410升汽油。

1927年5月20日早晨,林白驾驶着"圣路易斯精神"号从纽约的罗斯福机场起飞。由于前一天夜里下了一场大雨,草地上还是湿漉漉的,人们担心"圣路易斯精神"号恐怕飞不成了。前不久,一个叫冯克的人驾驶着一架"西科尔斯基"三发飞机从这里出发奔赴巴黎,结果起飞时机毁人亡。尽管飞行条件不是很好,但林白还是下定了决心,坚决起飞。

6时52分,"圣路易斯精神"号开始滑行,由于载油过多它显得很笨拙,先后离地四次,都又接了地。跑道只剩下约300米了,地面上的人们无不提心吊胆,飞机第五次离

"圣路易斯精神"号

地后,终于拉了起来。林白独自驾驶着飞机,经过马萨诸塞州的米得波罗,到达加拿大的塔士克蒂,又通过布列顿岛。在日落之前,纽芬兰岛的居民看见他的飞机进入了一望无际的茫茫海面。

林白后来回忆说:在他年轻的生命中,这是一个最难熬的夜晚。瞌睡,被视为飞行中最大的敌人,他深深懂得,只要稍有打盹,就会立即葬身鱼腹。为了保持清醒,他把一只手伸到座舱外,直到手指冻得麻木,再换另一只手。他的双脚在舱内不停地踏动,直到累得酸痛。他用心地进行领航计算,以驱赶睡意。漫长的黑夜慢慢地过去了,他终于看见了火红的太阳在地平线上冉冉升起。已经艰苦飞行了27个小时的他,一眼发现海面上有一队捕鱼船,便兴奋地俯冲下去,在距离捕鱼船约20米的高度上大声叫喊道:"往哪边是爱尔兰?"船上的人好奇地向他张望,但是没有回答。这时,爱尔兰海岸线在东北方向出现了。不用再问了,他正准确地飞行在预定的航线上,再剩下大约960千米便可以到达巴黎了,他不禁为自己的航行计算能力而高兴起来。下面的旅程就比较容易了,到达法国海岸德鲁维尔上空后,他取出一片三明治,就着一口水吃了下去,这是他起飞后吃的第一顿饭。

巴黎终于到了!全部航程整整用了33小时30分29秒。当林白驾驶着"圣路易斯精神"号安全地降落在巴黎的拉宝格机场上时,欢迎的人群顿时沸腾起来,不断地呼喊他的名字:"查尔斯·林白!"

3."神秘的飞机大王"

霍华德·休斯在美国被称为"神秘的飞机大王",这个绰号的来历,不外乎他的经历和某些生活方式不同于一般人。

休斯于1905年12月14日出生在休斯敦一个富裕家庭里。父亲是英国威尔士移民的后裔,当美国的休斯敦一带在20世纪初发现油田时,他便和同时代许多人一样赶到这里来"淘金"。休斯长到19岁时,先是母亲去世,不久父亲也因突发脑溢血而离去,他继承了父亲留下的价值1 700万美元的休斯工具公司,以经营工具公司获得的利润为资本,首先投身于自己醉心的电影事业。他先后拍摄了《阿拉伯之夜》《西线无战事》《诈骗》等影片,还采取收购影院股份的方式,构筑了130家影剧院的"连锁店"。

1927年深秋的一天,休斯驾驶自己的小飞机在洛杉矶上空盘旋,突发奇想地要

霍华德·休斯

拍摄世界上第一部描写空战的有声巨片。他说干就干，不惜重金一下子购买了87架战斗机，聘用了135名职业飞行员和2 000名演职员。他还亲自驾驶飞机拍摄对地俯冲攻击的场面，因为飞机发生故障，差一点丢失了性命。这部名叫《地狱天使》的影片历时两年半才完成，耗资800万美元，死了3个人，用去的胶卷长达77万米，超过好莱坞之前使用胶卷最多影片的300倍。当然，它也给休斯带来了丰厚的收益：创下了好莱坞首次放映影片票房最高纪录。著名电影艺术大师卓别林特意给休斯拍来电报，热烈祝贺《地狱天使》取得成功。

休斯驾驶飞机周游世界的念头由来已久，他刚满14岁时就参加了飞行学习，此后又陆续在几家飞行学校里边深造。他多次参加飞行竞赛活动，并买了两架私人飞机。

1927年5月，休斯的同胞林白驾机完成了单机横越大西洋的壮举，在美国掀起了一股"飞行热"，也激励着休斯向林白发起挑战。为了成为一名合格的飞行员，休斯毅然从电影界脱身，改头换面受雇于美利坚航空公司，担任一名工作在得克萨斯至纽约的航线上的副驾驶员，月薪只有250美元。这是休斯一生中唯一一次受雇于人。

休斯把制造一架比林白的"圣路易斯精神"号性能更好的H-1飞机作为向林白挑战的第一步。H是休斯姓氏的第一个字母，H-1也就是休斯一号。他在加州格伦德机场附近租了一个飞机库，将它改建为休斯飞机公司的车间。他不惜重金从洛克希德公司聘来帕尔默当飞机设计师，让多年和自己一起飞行的机械师奥德克担任主任设计师，这两个人后来都成为他制造飞机的台柱子。休斯耗资10万美元，用了18个月的时间，在1935年9月完成了H-1的制作。休斯亲自驾驶这架飞机进行试飞。有三名裁判分别登上两架飞机进行空中监测，在地面上则是每隔2英里就安装4台特制的摄像机，以便精确地记录飞机掠过镜头时的飞行速度。在第二次试飞中，休斯从耳机里听到了三名裁判的一致声音："平均速度每小时352.322英里(约567千米)，动作规范，祝贺你打破了一年前由法国飞行员雷蒙·德尔莫特创造的每小时314英里(约505千米)的世界纪录。"

遗憾的是,就在休斯继续试飞想创造更好的成绩时,由于输油管堵塞,飞机出现了故障,他以高超的技术把飞机迫降在了一座农庄的甜菜地里。地面上的人惊恐万状地奔向飞机,发现飞机完好无损,休斯正在忙着追记创纪录的情况。H-1飞机后来一直被保存在加州休斯飞机公司的卡尔弗工厂内,1975年被捐赠给华盛顿国家航空航天博物馆供游人参观。

初战告捷的休斯乘胜前进,他将下一个目标定为打破美国陆军上校达纳从纽约到洛杉矶不着陆横穿美国大陆的飞行纪录。他等不及把H-1飞机改造好后再行动,借来了当时一位女飞行家的私人飞机,组织人员进行一番改装后,就在1936年1月13日中午,从洛杉矶的伯班克机场起飞了。结果,他仅用了9小时26分10秒的时间就安全降落在纽约的纽瓦克机场,刷新了达纳的10小时2分51秒的纪录。

一年后的2月18日,春风得意的休斯驾驶着改装后的H-1型飞机,仅用了7小时28分25秒,就创造了从纽约到洛杉矶不着陆横穿美国大陆的新纪录,这一纪录一直到第二次世界大战期间喷气式飞机问世才被打破。

休斯的这一壮举,和10年前林白成功地进行首次横越大西洋一样,受到了人们的关注。当时的美国总统罗斯福在白宫接见他时说:"休斯先生,我在第一次世界大战时担任过海军部次长,当时我曾飞临法国上空,现在我真想驾驶你的H-1型飞机遨游世界哩!"

1938年初,休斯按照自己的意愿对于洛克希德公司提供给他的一架刚研制成功的"伊列克特拉"14型飞机,进行了改造和完善。当年7月10日那天,已被聘为1939年万国博览会航空部主任的休斯,决定采用环球飞行的方式为博览会做一次公关宣传。他驾驶着机翼上涂着"1939年万国博览会"号字样的"伊列克特拉"14型飞机于19时19分30秒在纽约布鲁克林的贝内特机场升空。16小时35分后,美国各家报纸都收到了休斯从巴黎发来的快讯。

就在林白11年前降落的那个机场,巴黎市民热烈地欢迎了休斯。不同的是,他只用了林白11年前创造这项世界纪录的一半时间,就完成了同一航线的飞行。当休斯一行回国后,受到了数以万计美国市民的热情欢迎。在隆重的庆祝大会上,休斯谦虚地说:"由于事先我们做了认真的准备和周密的计划,特别是飞机性能优良,各种仪器设备先进,因此才实现了自己的愿望。其实,只要是合格的飞行员,在这样的条件下都能取得这样的成绩。"事后新闻界人士估计,光是美国媒体介绍这次飞行的报

休斯公司在二战期间研制出的H-4巨型水上飞机重达193吨,翼展达到惊人的97.51米,不过并没能真正投入使用。

纸杂志就用去了1 800多吨纸。为了嘉奖休斯为美国航空事业所做的贡献,得克萨斯州州长代表联邦政府授予他荣誉陆军上校军衔。

二战爆发后不久,有着强烈爱国精神的休斯率领他的同事着手研制出了H-2型(后改称D-2)轰炸机,它的飞行速度和高度在同时代的轰炸机中堪称一流。可惜的是,由于美国军方种种人为的原因,它最后未被军方采用。

1942年5月,休斯决定与美国的造船巨头凯萨合作研制名为KH-1的水上飞机。遗憾的是,凯萨中途退出了合作,休斯独自承担起了研制任务。按照休斯的设计,这架由KH-1改称H-4的水上飞机,其机体本身的重量为193吨,机翼用特殊的胶合板制成,全长97.5米,安装8台普惠PW2800型发动机。它不仅可以装运大批货物,而且具备防护作战系统。由于整个设计和试制工程耗资巨大,断断续续进行了五年之久,在美国引起了企业界、政界、军方不少权威人士的非议,有的人利用权势指使休斯的商业对手利用这件事情把他搞垮。然而,休斯顶住了来自各方的压力,他始终坚信H-4一定会上天,一定能拉开人类制造大型飞机的序幕。

1947年11月2日,一批记者和摄影师被邀请到洛杉矶的长滩海边,休斯亲自驾驶H-4进行了试飞。这架飞机在距海面高度20多米处,飞了大约1.6千米。休斯前后三次申请制造军用飞机,结果都未能如愿以偿,为此耗费了近1 000万美元的个人资产。幸亏他的其他公司兴旺发达,每年有大量利润,才弥补了他飞机公司的巨大亏损。

1943年,美国为了开辟欧洲第二战场,急需一种高空侦察机。这一次,军方看中了休斯公司,他们要求休斯制造100架XF-11型高空侦察机,成交额高达4 800万美元。可是,在休斯和他的同事全力以赴拿出样机时,战争已经结束了,英雄无用武之地。

1946年7月7日,休斯亲自试飞XF-11,就在即将成功的时候,液压系统出现故障,飞机失去控制,坠落到地面。休斯令人难以置信地死里逃生,不过他折断了9

根肋骨，左肺严重受损，左肩膀骨头破碎，鼻梁被撞断，全身失血很多，经过抢救和一个多月的精心治疗才基本痊愈。

1946年年底，在休斯的努力斡旋之下，军方同意XF-11进行第二次试飞。1947年4月5日，人们惊喜地看到摆脱了死亡阴影的休斯重新披挂上阵，他驾驶着XF-11的2号机成功地试飞了90分钟，它性能优良，完全符合标准和军方要求，终于被政府批准正式投产。

雄心勃勃的休斯还曾经涉足过航空公司的经营。从1937年开始，他投资民航运输，到1939年时已经拥有当时在美国排行第三的美国环球航空公司

休斯飞机公司制造的直升机

87%的股份。在民航业这个商业战场上，他一次又一次地挫败了竞争对手发起的攻势。他声称，控制整个美洲大陆和全世界的国际航线，是环球航空公司的奋斗目标。

世界上至今没有第二个人，能像休斯这样从百万富翁奋斗到亿万富翁，集企业家、电影制片人、飞行家、工程技术人员于一身。休斯从53岁以后完全脱离了休斯敦和洛杉矶等大城市，隐居在无人知晓的沙漠地带的几个极其秘密的场所，似乎过着与世隔绝的生活，实际上他仍然密切地关注着美国经济的变化，对他的那些公司进行遥控。1966年3月初，当环球航空公司的股票价格达到每股86美元的创纪录高位时，他毅然抛出了自己持有的650多万股环球航空公司的股票，利用所获取的5亿多美元追逐高新科技的浪潮。3个月后的6月1日，美国发射的第一艘无人驾驶宇宙飞行器登上了月球，并在月球表面向地球电视台发回了信息，使人们从电视中清晰地目睹到了月球表面的奇特景象。人们有所不知的是，设计和研制这艘飞行器及其电视转播仪器设备的，正是休斯的飞机公司。这一骄人的成就，使得休斯在美国上层社会销声匿迹多年之后，又在美国社会公众中火了起来。

1976年，正当人们迎接美国建国200周年时，71岁的休斯在乘坐"利尔"号喷气包机从亚加普科返回故乡休斯敦的途中病逝。消息传出后，呼啦一下子冒出来30余份所谓的休斯遗嘱，争夺他那数十亿的财产，闹得社会上沸沸扬扬，这也给他身后增加了许多神秘的色彩。

休斯飞机公司办公楼

航空史上的传奇

4. 巾帼英雄伊哈特

阿美莉娅·伊哈特

单独驾机飞越大西洋的美国姑娘阿美莉娅·伊哈特，在20世纪30年代的美国几乎可以说是家喻户晓，风头甚至超过了好莱坞的那些大明星们。

伊哈特于1898年7月24日出生于美国堪萨斯州的阿契申城。9岁时，她在艾奥瓦州的一次博览会上第一次看见了飞机，但是并未引起她的兴趣。19岁时，她到加拿大的多伦多市探望在医院工作的姐姐时，遇见了许多受伤的飞行员，他们给她讲的飞行故事令她十分感动，由此迷上了航空。于是，她开始探寻通往航空事业的道路。第一次世界大战结束后，伊哈特到哥伦比亚大学医学院去读预科，一年后，对医学毫无兴趣的她回到洛杉矶与其父母同住，报名自费学习飞行。当法官的父亲支持她的行动，而身为家庭妇女的母亲则极力反对她去开飞机。

伊哈特在一位女教官的辅导下进步很快，带飞了10小时就放了单飞。不到三个月，她便创造出了约4 280米的女子飞行高度新纪录。这时的伊哈特千方百计地找工作挣钱，包括开运砂石的大卡车那样的重活，她也不放过。原来，她是要攒钱买一架属于自己的飞机。伊哈特拥有了自己的飞机以后，由于飞行技术好，因而在许多飞行表演和飞行比赛中得过奖。由于生病的原因，她停飞了几年。在此期间，她先是在哈佛大学学习法律，由于对法律不感兴趣，又辍学到波士顿的一家商号做管理员，正当她的身体恢复健康，准备重返蓝天时，一个偶然的机会降临了，决定了她的航空生涯。

那是1928年的春天，一些热心航空的人士在波士顿集会，庆祝林白开创的纽约—巴黎直航飞行一周年。时年30岁的伊哈特也参加了这次集会，在集会上，一些人见她长相和个头酷似林白，简直就似一对孪生姐弟，一打听原来她也是一名飞行员，而且未婚，就建议她也搞一次林白式的飞行，其中最积极的是一位叫巴南的出版商，他表示愿意出钱资助。这对于伊哈特来说，当然是一件求之不得的好事了。

1928年6月3日，经过几个月的准备，一架名为"友谊"号的三发福克式飞机，从波士顿起飞直航伦敦。飞行员名叫图兹，领航员名叫戈登，伊哈特作为乘员坐在后座上。他们经过加拿大的哈里洁克斯后，一直在浓云密雾中飞行，加上无线电故障，全靠

领航员推测计算飞机的位置。飞行了18个小时后,伊哈特忽然发现下方有一艘海船,她就用一张纸包了一个橘子扔到船上,想询问一下位置。可惜这枚"炸弹"滚到一个舱里,没有被人发现。飞机只得按大概的方向继续飞行,三个小时后看到了威尔士的巴雷角,从这里直飞伦敦,结束了长达24个小时的航程。

伦敦的新闻界和前来欢迎的人们当然不知道伊哈特在此次飞行中所处的位置,都把她当作英雄来欢迎,而那两位真正驾机飞行的男子却被冷落在了一边。尽管她一再声明,她的贡献还不值一袋土豆的价钱,但是人们哪里肯信,只认为她是谦虚,于是"林白式的巾帼英雄"的称号便落在她头上,怎么也推不掉了。伦敦的各界人士连续举行两周的欢宴,都是把她放在了显要的位置上。在返回纽约的轮船上,船上的乘客争先恐后地想一睹她的风采,想和她进行交谈,想送给她礼物的人络绎不绝。伊哈特他们返回纽约后,又是连日的庆祝和欢迎,接着又在美国32座城市做旅行访问。这些活动使得她名扬天下,同时也给她带来了丰厚的收入。

1931年,伊哈特和资助她的出版商巴南结婚成家。她在丈夫的积极支持下,婚后仍然热心飞行事业。1932年,她终于成为世界上第一位单独驾机飞越大西洋的飞行员。这次她是从加拿大的纽芬兰起飞到伦敦的,用时为14小时56分。这次飞行成功后,伊哈特的名气更大了,她的一举一动都会成为报纸上的新闻。伊哈特并不以此为满足,又计划进行一项新的飞行冒险。经过将近五年的准备,年已39岁的伊哈特开始了她的环球飞行。

1937年6月1日,伊哈特邀请一位前海军陆战队的空中领航员龙南作为伙伴,驾驶着一架双发电星式飞机,从美国佛罗里达半岛南端的密歇根州起飞,第一站飞到了巴西的纳塔尔,然后横渡南大西洋到达了非洲塞内加尔的达喀尔,这两个点是横渡大西洋的最短距离,约为3 050千米。然后从达喀尔横穿非洲大陆至埃塞俄比亚,经阿拉伯海,到达巴基斯坦的卡拉奇;又飞越印度,降落在澳大利亚;进而飞至新几内亚。这一段飞行历时一个月,虽然辛苦,一切还算顺利。

他们计划由新几内亚飞越太平洋,回到美国洛杉矶。就在胜利在望

航空史上的传奇

之际,不幸的事情发生了。7月1日上午10时,伊哈特驾驶的飞机从新几内亚东端的莱城港起飞,下午5时,伊哈特报告:飞机在新几内亚东北约1 300千米的海上,航线无偏差。7月2日凌晨3时15分,伊哈特又报告说:飞机已经到达"艾达斯卡"通讯船附近。"艾达斯卡"是美国海岸巡逻队专用于海上通讯的船只,活动在太平洋上的豪兰岛海域。"艾达斯卡"也收到了从飞机上传来的话,说是"云层密布"。6时45分,伊哈特请求"艾达斯卡"报告它的位置。7时41分,"艾达斯卡"又收听到伊哈特的说话:"我们可能在你上空,但是看不见你在哪里,现在高度是330米,油料快用尽……"几分钟后,飞机上传出的话是"正绕圈飞行"。8小时45分,伊哈特说:"正在南北绕圈飞行,看不见你……"从这以后,尽管"艾达斯卡"的无线电室不断地发出呼叫,但是一直没有得到回音。

美国海军展开了全面搜索,动员了包括"列克星敦"号航空母舰在内的数十艘舰船,持续了数周,搜查遍了约30万平方千米的海域,却毫无所获。据有关专家分析,伊哈特他们可能是迷航了,由于不知道自己飞机所处的位置,在汽油烧光后,迫降或坠毁于海上,不幸遇难。

5.齐格勒与空中客车公司

提起空中客车公司,在航空界那是无人不知,但是关于它的创始人的情况,知道者恐怕是寥寥无几。

20世纪60年代前后,欧洲特别是西欧的民用航空业举步维艰,原因是各国的计划不统一,行业及政府的战略和政策存在分歧。美国人抓住了这个机会,占据了航空市场的绝对统治地位。如果从技术和经济实力看,西欧各国并不比美国差,如法国生产出了"快帆",英国生产出了"三叉戟",还有BAC-111等。可是,这三种客机差不多诞生在同一时期,在同一市场内互相争斗,根本无暇与美国的飞机制造业展开竞争。在喷气式飞机的发展上,西欧各国也是各有各的高招,各有各的打法,犹如一盘散沙。

当时,欧洲工业界的有识之士一针见血地指出,欧洲要想与美国的航空工业竞争,必须联合起欧洲的工业力量。在法国、德国及英国,少数才能卓越的人一直坚持联合发展航空业的信念,并为之努力奋斗。他们一致认为,需要有一位和他们一样对未来的成功深信不疑、坚信航空这一重要技术及工业领域一定会在欧洲成功

发展的领军人物来领导他们。

1970年,这位领军人物终于出现了,他就是亨利·齐格勒。此人毕业于著名的巴黎理工综合大学暨法国国立高等航空学院,他热衷于航空事业,曾经在第二次世界大战爆发前加入了

2007年9月6日,一架空中客车A380巨型客机在德国汉堡机场举行的"机场日"展览活动上展出。

法国空军,并在军中任职,显示出了卓越的才华,受到戴高乐将军的器重。二战结束后,他被任命为法国航空公司的第一任总裁,负责重建法国的飞机制造工业。之后,他在20多年里先后出任过布雷盖飞机公司、南方航空公司和由南方航空公司与北方飞机公司及导弹发动机公司合并组成的新的法国航空公司的总裁。可以这样说,他是走到哪里,哪里就会出现转机,就会发生变化。

1967年,齐格勒被法国政府派到南方航空公司当总裁,当时这家公司正在推出第一架由法英两国联合生产的协和式超音速运输机。齐格勒接受任命时,提出的一个条件就是要着手实施"当时看来并不耀眼夺目的计划"——空中客车A300。那时,大家的注意力都聚焦在协和飞机上,空中客车A300这一计划根本得不到重视,更谈不上得到航空公司以及多数政治决策者的支持。齐格勒却深信,投资空中客车计划的意义重大。他以锲而不舍的精神,克服了来自各方面的阻力,最终使法国政府勉强同意给他6个月时间,拿出这个计划的可行性方案。

齐格勒立即与工程技术负责人一道,花了数周时间对空中客车A300这一计划进行了认真的研究,考察了市场的需求,分析了成本和风险,大胆地提出了空中客车A300的设计方案:载客250人左右,动力装置使用与美国正在研制的新型三引擎喷气式飞机相同的发动机。他在就任南方航空公司总裁三个月后,就向英国及德国的行业合作伙伴提交了经过修改的可行性方案,成本降低了很多,其中有很多独到见解。这份方案很快就得到了合作伙伴们的支持。随后,他又通过大量的商业运作,克服了经费和其他方面的重重困难,终于使第一架空中客车诞生了,并在计划成功之际,拿到了可喜的第一份订单。伴随着A300飞机的诞生,欧洲的大型民用飞机制造业进入了它的辉煌发展之路。

航空史上的传奇

1970年12月18日,在齐格勒这位领军人物的带领下,按照法国的法律,法国和德国最终以经济利益联合体的方式,正式组建了空中客车工业公司。这是欧洲第一个跨国航空联合企业。

创业伊始,齐格勒清楚地认识到团队合作精神的重要性。同时他也清楚地看到,处在当时的条件下,要想成为大型民用飞机制造商,不仅需要勇气,还要以独特的方式进入被美国人独霸的市场。他凭着坚韧不拔,锲而不舍的精神,以及对市场的敏锐洞察力,带领空中客车公司渡过了创业初始的艰难,渡过了第一次石油危机带来的拮据局面,建立起富有活力的管理及组织结构,为今后的成功奠定了坚实的基础。

齐格勒为空中客车公司创造了许多成就,其中最显著的成就之一就是建立起了综合飞行测试中心。如果仅仅使用当时现有的两个总装配线以及两个独立的飞行测试组,公司将无法完成以后新飞机的制造与装配。他经过反复考虑,着手组建了一个由法国、德国和英国人共同组成的综合团队,也就是综合飞行测试中心,将有关技术人员全部集中到图卢兹工作,以达到组织落实,协调发展的状态。

史蒂夫·福塞特

6. 亡命于飞行的亿万富翁

史蒂夫·福塞特的出名,不是因为他是美国的亿万富翁,而是因为他全身心地投入航海、飞行、热气球等方面的极限运动,不断地创造出世界纪录。作为一名冒险家,福塞特在五个体育项目中创下100多项正式的世界纪录,其中包括热气球、飞机、滑翔机和帆船等62项纪录,至今为止还未被他人打破。

福塞特于1944年4月22日出生在美国田纳西州。还在童年时,他就很喜欢冒险类运动。当童子军时,爬山是他的最大爱好。上了年纪后,他对人这样说:"12岁时,我爬上了人生中的第一座大山。此后一发不可收拾,我一路不停地往上爬,从事的冒险活动越来越多。"

2002年7月,福塞特驾驶着自己的"独立精神"号热气球,在15天内掠过了澳大利亚、南美、太平洋、印度洋和大西洋,行程超过2 000千米,创造了世界热气球飞行的最长时间纪录,他也因

此成为世界上独自完成热气球不间断环球飞行的第一人。

2004年10月,福塞特在位于瑞士边境的康士坦茨湖上进行了一场两个多小时的精彩"极速"表演。他驾驶着一艘75米长的新型"齐伯林"硬式飞艇,以111.8千米的时速打破了2000年1月由两名英国人创造的92.8千米时速的纪录。

2005年3月,福塞特驾驶着试验性的"维珍大西洋环球飞行者"号飞机,降落在美国中部堪萨斯州萨莱纳机场,成为世界上驾驶单人飞机进行不间断环球飞行的第一人,用时67小时2分38秒,飞行距离为36 800千米。

2006年2月11日,福塞特驾驶着"维珍大西洋环球飞行者"号降落在英国南部,他在76小时内环球飞行中成功地打破了不间断飞行最远距离的世界纪录,总共飞行了4.25万千米。

不幸的是,在美国当地时间2007年9月3日早上8点45分,福塞特为了打破汽车公路行驶速度世界纪录寻找合适场地,驾驶着一架蓝白色的贝兰卡型飞机,从内华达州西部里诺市东南的一个私人农场机场起飞。飞机升空后,就再也没有得到他的音信。他的朋友立刻将这个消息报告给了当地政府。

美国航空管理局在当日晚上接到了福塞特失踪的报告,立刻组织出动了13架飞机和大量地面人员展开搜索,没有取得任何进展,原因是福塞特没有把他的飞行计划向有关部门报备。几天后,随着搜索范围的不断加大,参与搜寻的飞机超过了50架,动用了一切先进设备,并尽可能地降低飞行高度,然而仍旧一无所获。最终还是没有找到福塞特本人,却意外在加利福尼亚州猛犸湖附近的山区找到了一架飞机的残骸,通过机身编号的比对,证实这个残骸正是福塞特驾驶的单引擎飞机。有人断定,福塞特失踪的地区是一片不毛之地,在过去的50年里,这一带陡峭的山峰和深深的沟壑至少吞噬了50架小型飞机,福塞特也未能逃脱厄运。

福塞特驾机飞越美国亚利桑那州的大峡谷

航空史上的传奇

7. 第一位特技女飞行员

美国"雷鸟"特技飞行队正在进行表演

1891年出生于美国亚拉巴马州的凯瑟琳·斯汀逊是世界上第一位特技女飞行员。在20世纪初叶，她就以敢于探索冒险的精神和高超的技巧，征服了全球的观众。她的母亲曾经给予了她巨大的关怀和支持。所以，她在成名后的记者招待会上动情地说道："母亲从来没有因为怕我们受伤而告诫我们，不许干这，不许干那。当然，小时候难免有受伤的事，但是我们从不害怕。"

斯汀逊是家中四个孩子里的老大，她是首先学习飞行的，带动了两个弟弟和一个妹妹也都学会了飞行，成为有名的"斯家飞行班"。少年时期，她原本立志当一名钢琴家，为此苦练了好几年，在琴艺方面已经有足够的资格去欧洲留学了，但是因为家境困难而未能成行。

1911年，斯汀逊在堪萨斯城乘坐一位朋友的气球升上了天空，从此萌生了学习飞行的愿望。她去了芝加哥的一所航空班，接受来利教官的训练。刚开始时，来利教官有点怀疑这个娇小的女孩子没有操纵飞机的能力，但是斯汀逊以惊人的毅力、出色的冷静和敏捷，仅带飞了4个小时便放了单飞。

1912年7月19日，经过正式考核，她获得了美国航空俱乐部发给的飞行合格证书，成为美国历史上第四位有合格证书的女飞行员。

那时候的飞机是一种十分简陋的双翼机，座舱洞开，飞行员的坐椅固定在下翼前缘的一个狭窄的地方，坐在上面如鸟依枝，随风俯仰，会让没有胆量的人连上都不敢上。可是斯汀逊不仅能优美而稳定地操纵着飞机完成各种科目，还能以漂亮的轻三点落地。从1913年开始，她凭借着娴熟的驾驶技术，应招成为美国运送邮件包裹的第一位邮运女飞行员。

斯汀逊的飞行技术在实践中逐渐得到提高，她决心向最危险的飞行特技方面发展。当时的很多飞机马力不足，用这种飞机做翻筋斗的特技时，当飞机拉起到筋斗的顶点时，常有失速的危险。1915年，斯汀逊从一架旧飞机上找来一台80马力的发动机，凯莱飞机公司用它专门为她造了一架能翻筋斗的飞机。1915年7月18

日,在芝加哥的格兰特公园上空,斯汀逊完美无缺地表演了翻筋斗的特技,成为全世界第一个能在空中翻筋斗的女飞行员。她还自学练就了"快滚"的动作,这一招当时连许多男飞行员还没有学会。这时,斯汀逊得知一位名叫史密斯的飞行员,发明了在夜空中利用机上镁光火炬进行写字表演的"绝活",立即予以效仿。当年的12月17日,她在洛杉矶一个晴天的夜空里,表演了在空中写下加利福尼亚州州名缩写的特技飞行,受到了成千上万的观众们的喝彩。至此,斯汀逊的声名大振,先后被邀请前去美洲、欧洲的一些国家进行特技飞行表演。

1917年2月14日,斯汀逊携带她的飞机由日本大阪乘船,到达中国的上海做了三次飞行表演,发表了两次演说。大饱眼福的上海各界人士对于这位飞行女英雄十分钦佩,称赞她的表演史无前例。当年3月,斯汀逊由上海坐火车北上抵达北京,在先农坛广场做了第一场表演,轰动了整个古城。几天后进行的第二场表演还是安排在了先农坛广场,表演当天,场内密密麻麻地云集了三万多人,场外还站着数万名热情的观众。大受鼓舞的斯汀逊在这次表演中增加了"轰炸"课目,就是对着广场中心的靶标投掷几枚小"炸弹"。表演结束后,当时的大总统黎元洪派秘书郭泰琪送来了一尊刻有"御风而行"的大银杯和3 000块银元的礼金。斯汀逊的北京之行的第三次表演与前两次表演不同,它安排在了晚间进行,这更加吸引了北京的观众。晚上8时,斯汀逊驾机升空后,由南向北飞往中华门,然后左转向南返回先农坛,历时12分钟,一路施放出多种颜色的烟花,辉映着古城的夜空。当她最后在几堆篝火之间安全落地时,人们欢声雷动。离开北京后,斯汀逊应邀前往天津和南京又进行了几场表演。

在历时两个多月的中国飞行表演活动中,斯汀逊被中国报界称为"轻如飞燕,翩若惊鸿,口衔微笑,金发垂肩的少女",竟身怀如此高超的技艺。有位记者问她:"你是否感到这样的表演太危险了?"她回答说:"我就是喜欢冒险,没有一定的冒险精神,事业是不会成功的。"

斯汀逊这位从不满足的女强人回到美国后,又开始了她的新的征程。1917年12月11日,26岁的斯汀逊打破了当时的一项世界纪录,用9小时10分完成了从圣地亚哥到旧金山约980千米的飞行。

1918年,斯汀逊向美国军方提出要求,到欧洲前线去参加第一

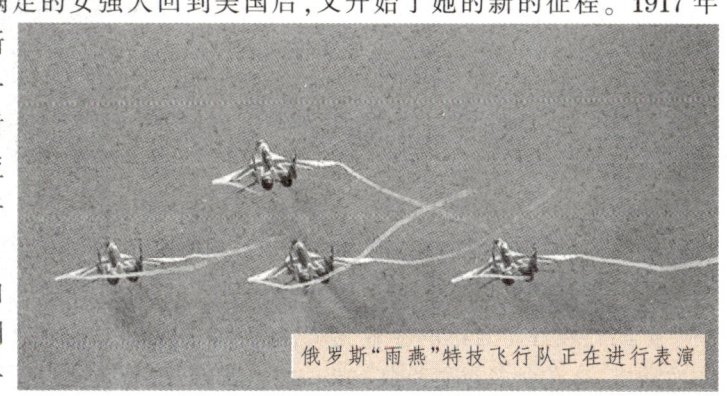

俄罗斯"雨燕"特技飞行队正在进行表演

航空史上的传奇

次世界大战。她表态说，即使当侦察机飞行员，也要到前线去从军报国。由于她是女性，军方一直未批准她的要求。决心已定的斯汀逊自筹资金远赴英伦，为红十字会飞行募捐。之后，她来到法国，为当地的红十字会救护车做司机。她说："即使我不能在空中杀敌，在地面上也要为战争服务，也要实现自己可爱而崇高的理想。"

大战结束后，她从欧洲归来，因为身体衰弱而告别了蓝天，后来与一位从事律师职业的大战时期的飞行员结婚组成了家庭，定居在新墨西哥州的圣太飞城。

柯蒂斯

8. 第一次世界飞行竞赛

正如汽车出现不久，就有了赛车运动一样，在人们完成了世界上第一次重于空气的有动力飞行后不久，飞行竞赛就出现了。

1909年8月，世界上第一次飞行竞赛在法国的兰斯市举行。兰斯是一座位于巴黎东北部的小城市，以盛产葡萄酒和香槟而闻名欧洲和世界。直到这次飞行竞赛举行的时候，这里很少有人见过飞机，在他们的记忆中搜索不到这种"大鸟"的一丝踪影，千百年来祖先留给他们的东西中也没有这种东西，飞机在这里是个不折不扣的怪物。

按照当时竞赛章程的规定，比赛项目包括飞机的飞行距离、飞机的续航时间、飞行高度以及飞行速度。当时欧洲绝大部分顶级热气球驾驶员都集中到了这里，而只有柯蒂斯一个人来自大洋彼岸的美国。

比赛当天，主席台被装饰得富丽堂皇。当参赛的飞机一架一架被推出停机棚时，所有的飞行员和机械师都憋足了劲，他们的目的只有一个，那就是比对手做得更好，并且打破当时的飞行纪录。大笔的奖金、贵重的奖品以及随之而来的无数的荣誉和赞美，激发了每一位参赛者强烈的求胜欲望。他们渴望着飞上蓝天，向世人展示他们所能做到的一切。

布莱里奥单翼机

飞行速度和续航时间之争，是在法国人布莱里奥和美国人柯蒂斯之间展开的。法国人布莱里奥在参赛前不久刚刚征服了英吉利海峡，而美国人柯蒂斯不但亲自设计了自己的参赛飞机，还设计了飞机的发动机，这在众多参赛者中是唯一的。最后，柯蒂

斯当仁不让地以15分50.6秒的续航时间和75.2千米的时速获得了桂冠，赢得了25 000法郎的奖金。同时，他也让全世界记住了他的名字。

柯蒂斯驾驶的50马力的双翼机

当时，在场的法国人拼命地为布莱里奥呐喊加油，他的续航时间达到了15分56.2秒，但是因为速度太低而不得不退居次席。成千上万的人亲眼目睹或通过报纸了解了这场为期一周的比赛，这项极具挑战的冒险者的运动从此风靡世界。

9.播撒种子的飞行竞赛

法国兰斯第一次世界飞行竞赛结束后的第二年，美国人开始举办类似的飞行竞赛，时间是1910年1月10日至20日，地点在美国洛杉矶的多明格堡。一共有10名飞行员和11架飞机参赛，其中包括来自法国的著名航空冒险家波朗，他带来了一架法曼双翼机和一架布莱里奥单翼机。第一次世界飞行竞赛的大奖得主柯蒂斯参赛的飞机，是一架新制造的以他自己名字命名的双翼机。主办者为这次竞赛设立了有着巨大吸引力的80 000美元。

按照竞赛的章程规定，这场竞赛的重要比赛项目为飞行距离和飞行速度。有评论家指出，在这次为期10天的竞赛中，最大的收获是通过它将航空方面的知识传播介绍给了更多的人，这就好像是撒在地上的种子一样。果然如此，在这次竞赛结束后不久，众多的飞机制造厂和飞行员培训中心如雨后春笋般的从北美大陆、欧洲大陆上冒了出来，人类航空史上第一个黄金时期来到了。

航空史上的传奇

双翼机模型

10. 穿越国家的飞行

第一次真正意义上的穿越国家的飞行是从伦敦到曼彻斯特的飞行竞赛,这个赛程全长 297 千米,飞行竞赛的优胜者将获得《每日邮报》提供的 10 000 英镑的奖金。由于比赛准备不足,这次竞赛一直推迟到 1911 年的 4 月 27 日下午 5 时 40 分才开始。法国飞行好手波朗又参加了比赛,他驾驶的是一架老资格的法曼双翼机。

参加冠军角逐的怀特,比波朗晚了两个小时出场,他所驾驶的是一架仿造的法曼式双翼机。波朗在飞行了 92 千米后顺利着陆,而怀特迫于天色已晚,也匆匆结束了飞行,因为当时进行夜间飞行是非常危险的。第二天凌晨两点半,怀特就又迫不及待地升空了,这次他又遭遇了大风,所以在艰难地飞行了近两个小时后,他不得不迫降。当天下午 4 时,怀特再次起飞,持续他未完成的飞行。在整个比赛中,他一共完成了 4 小时 12 分的飞行,平均速度达到了每小时 70.8 千米。

这次飞行竞赛是世界飞行历史上第一次穿越国家的飞行。尽管它最后的结果人们不得而知,但是它向公众证明了在风中飞行是完全可以实现的。

11. 欧洲巡回赛与环英巡回赛

1911年举行的欧洲飞行巡回赛开始于6月18日，结束于7月7日，整个赛程从法国开始，经比利时到荷兰，然后返回比利时再到英国，最后从英国返回法国。它是当时规模最大的飞行赛事，参赛者要完成1 600千米的航程，对于能够最快并且安全地完成整个航程的飞行员，组委会为他们准备的奖金超过了90 000美元。由于技术方面的不足，当时许多飞机都没有这样的续航能力，而对于飞行员来说，勇气比技术和经验更重要。一共有42架飞机参加了这次比赛，最后只有8名参赛者驾驶自己的飞机完成整个航程并返回法国，其中只有一位选手中途更换过飞机。一小半的参赛者完成了第一段赛程。

比赛刚刚开始时，就有一架飞机不慎落地坠毁，飞行员和机上的领航员死于非命。幸运的是，以后的赛程中没有再出现类似的悲剧，但是其他的意外则无法避免，有的飞机发动机超负荷运转而出现空中停车，有的着陆时速度过快而"人仰机翻"，造成飞机解体，更有个别参赛者迷失了航向，在别的国家着了陆。最终的胜利者是康诺，他花费了58.5个小时完成了整个航程，比第二名整整快了3个小时，其飞行的平均速度为每小时28千米。

第一次环英飞行巡回赛是1911年举办的一项重要赛事，它的整个赛程为1 620

航空史上的传奇

千米,共分 11 个赛段,因为英国的布鲁克兰斯那时已经铺设了世界上第一条飞机专用跑道,所以比赛的起点和终点都设立在了那里。一共有 21 名冒险者参加了这次比赛,其中一半来自英国。他们中的优胜者将独得或者分享 50 000 英镑的奖金,奖金由《每日邮报》提供。

由于赛程设计得比较艰难,最终只有一个人完成了全部比赛,他就是陆军少尉康诺。他驾驶的是一架布莱里奥单翼机,成绩是 22 小时 28 分,全部赛程平均速度为每小时 72.4 千米。正是在这次比赛中,单翼机的优良表现为许多人所瞩目,比赛的前三名驾驶的都是单翼机,便是一个很好的证明,此后单翼机风头日盛。

12.航空俱乐部的贡献

现在,英国的不少高校都有航空中队。建立高校航空中队的设想,最早是由特伦查德勋爵在 1919 年提出来的。特伦查德在英国被尊为"英国空军之父"。第一次世界大战结束后,在军费大幅削减的情况下,特伦查德不主张购买大批新飞机,而要求把有限的资金投入到建立稳固有效的训练机构和培养后备人才上,一旦需要就可以迅速扩大一线部队的实力。为此,特伦查德采取了三管齐下的培养方式:一是建立英国空军克伦韦尔大学,专门培养中、高级军官,同时为了培养工程技术人才,还组建了霍尔顿技术培训学校;二是以辅助空军的形式建立空军后备队;三是在传统的高等院校如牛津大学和剑桥大学等搜罗可造之才,创建大学航空中队。

英国是一个注重传统的国家,从第一个大学航空中队创建至今,80 多年过去了,当时的设想还是基本上保持不变,而且越来越规范,规模越来越大,不仅培养了青年学生的飞行兴趣,促进了大学与空军之间的联系,更重要的是源源不断地为空军输送了大批高素质人才,使高等学府真正成为培养飞行人员的摇篮。

俄罗斯在20世纪初就建立起了滑翔俱乐部。在苏联支援陆海军志愿协会的领导下,全国各地建立了许多航空俱乐部,他们号召广大青年利用业务时间到航空俱乐部学习滑翔和飞行。他们使用的飞行器有各种滑翔机和时速在100千米的波-2双翼飞机。通过航空俱乐部的工作,苏联在二战前储备了大批飞行人才。战争爆发后,民间飞行员源源不断地补充到空军部队里。据有关资料统计,二战中荣膺苏联英雄称号的飞行员有1 600多名,而半数以上是来自航空俱乐部的飞行员。

据介绍,美国有轻小型私人飞机20多万架,有航空俱乐部一类的组织和场地14 000多个,有轻小型飞机驾驶执照的飞行员近70万人,家庭自制、经过注册的轻小型飞机20 000多架。例如,美国民间航空组织飞机实验协会(EAA)有会员约17万人,分布在全美和世界60多个国家,下设800多个飞行分部(即航空俱乐部组织),任何人只要交40美元就可以成为年度会员。在每年7月底8月初的一周时间里,EAA都要在惠特曼机场举行一次世界飞来大会。这是世界上规模最大的集航空展览、飞行表演、航空器材购销、航空技术交流、航空文化展示于一

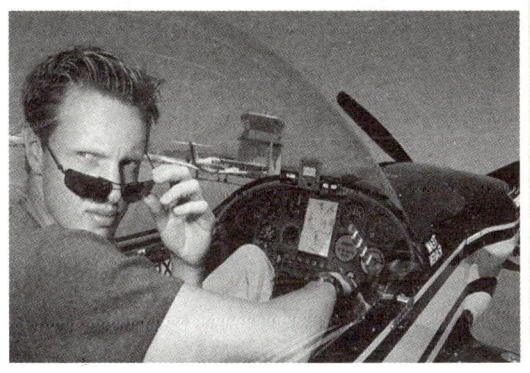

知识链接

航空俱乐部的发源地

1898年,滑翔飞行活动刚刚在欧美兴起,法国的一些航空爱好者和飞行冒险家就自发地聚集起来,探讨飞行器的研制、交流飞行实践经验和体会。为了方便联络和活动,他们组成了私人所有的航空俱乐部。后来,这种形式的民间航空组织在世界许多国家发展起来,有的一直延续至今。1905年,在各国航空俱乐部的推动下,国际航空联合会(FAI)成立。这是世界上最早的国际性航空组织。我国于1978年加入该国际组织,成为FAI的会员国之一。法国被公认为世界航空俱乐部的发源地。

体的民间航空活动,参展的飞机达 10 000 多架,观众达 80 万人次,有近 3 000 架飞机参加飞行表演活动。一周的飞行活动可为威斯康星州带来约 8 500 万美元的经济效益。EAA 还有自己的基金会,它的飞行活动大大推动了当地的航空、旅游、交通、购物、文化等事业的发展。

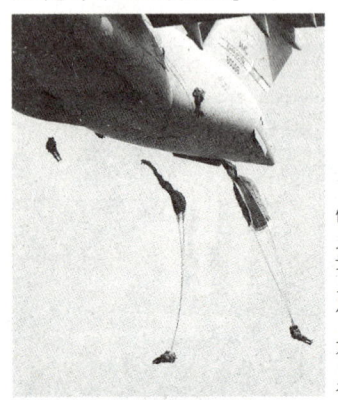

13.奇迹是这样诞生的

第二次世界大战中期,美国空军降落伞的安全性能不够好。在厂方的努力下,合格率提升到了 99.9%,但是军方要求产品的合格率必须达到 100%。厂方一再强调,任何产品也不可能达到绝对 100%的合格率,除非出现奇迹。可是军方措辞强硬地指出:99.9%的合格率,就意味着 10 000 名伞兵中,会有一个人因跳伞而送命。相持不下之时,军方决定改变检查质量的方法,从厂商前一周交货的降落伞中随机挑出一个,让厂商负责人装备上身后,亲自从飞机上跳下去。

这个方法实施后,奇迹出现了:不合格率立刻变成了零!99.9%与100%,看来差距微乎其微,单就产品质量来说,不但厂家认为没啥了不起,就连消费者也认为不能挑剔过分。所以,司空见惯和不以为然就变成了众口一词的认同。然而,就因为有了这99.9%,10 000 名士兵中就有一个无辜送命。为了捍卫生命,稍加一个措施,就有可能诞生奇迹。

在战争时期，飞机主要用于军事活动；而在和平时期，飞机转向于主要从事除了军事性质以外的航空活动。我们把后者称为民用航空。民用航空分为两部分，一部分是商业航空，一部分是通用航空。商业航空也称为航空运输，即运输旅客和货物。尽管航空运输在运输量方面和铁路、公路、水路、管道运输不能相比，但它的快速、远距离运输能力却是独一无二的。民用航空的其余部分统称为通用航空，它包括多项内容，范围十分广泛，如工业航空方面的航空摄影、航空遥感、航空吊装、石油航空、航空环境监测等；农业航空方面的森林防火、灭火、撒播农药等；航空科研和探险活动方面的气象天文观测等。利用各类航空器开展跳伞、滑翔机、热气球以及航空模型运动，也属于通用航空的范畴。另外，企业和政府高级行政人员用自备的航空器进行公务活动，已经成为通用航空中的一个独立部门。

飞机与空中交通工具的故事

蓬勃发展的民航业

"达柯他"DC-1运输机

1. 早期航空公司与航班

现在世界上的定期航班,每年能运送上千万的旅客,在大多数主要航空港,班机不得不排着长队等待起飞,或在空中待机着陆。这样的空运量在现代已是司空见惯,因而许多人难以相信,定期航班空运的出现至今仅有60多年的时间。

1919年,英、法、德分别建立起空运业务,同年,瑞士创办了军事航邮和短暂的客运业务。这一年是各国创办航空运输的第一年。

英国空运事业的发展首先要归功于具有远见卓识的托马斯,早在1916年10月5日,他就创建了飞机运输和旅游公司。跨越英吉利海峡的航空运输开始于1918年12月间,当时,英国皇家空军的飞机往返于伦敦和巴黎之间,负责运送英国政府参加和平会议的成员。1919年1月10日,英国皇家空军第一(通信)中队,开始在伦敦—巴黎之间定期空运旅客和邮件。

1919年8月25日,是世界和英国航空运输史上一个重要的日子,因为在这一天里,世界上第一个每日一次不间断的国际航班诞生了。这个航班由伦敦至巴黎,飞机起飞的时间定为12时30分。直到第二次世界大战爆发之前,这一时间一直作为这条航线的标准起飞时间使用。

1919年2月,德国空运公司采用单发双翼机开辟了柏林—魏玛间的定期空运业务,这是世界上第一条每日一次的客运航班。同年3月,容克斯公司用J-10改型的全金属单翼机开辟了德绍—魏玛航线,据说这是使用全金属飞机的第一条航线。这一年里,德国其他一些国内航线相继举行开航典礼。

哥伦比亚在1919年建立了斯克塔公司,拥有一批容克斯F13水上飞机,这家公司于1921年开始营业,后来发展成为哥伦比亚国家航空公司。荷

"达柯他"DC-2运输机

兰皇家航空公司成立于1919年10月7日，它是目前存在的世界上历史最悠久的航空公司。1921年7月，比利时赤道非洲航空公司开辟了包括利奥波德维尔与斯坦利维尔之间的整个刚果河流域的航线。此前，比利时人已经在比属刚果开展了赤道非洲第一个航班——水上飞机航班业务。

美国人这时主要考虑的是空运邮件，而不是空运旅客。他们最初的目的是建立一个横贯大陆的邮政航班，最初的空运业务实际上都是由邮局承担的。1919年，美国邮政局的哈伯德开创了西雅图—温哥华间的试验性邮政航线，这条航线比美国任何一家航空公司创办的不间断客运航班都要早。

当时，由于飞机运输不经济，运输量不足，气象条件不良，飞行主要局限于白天，许多航班在冬季不得不停飞等种种原因，各国的航空公司都曾遭受到严重的经济困难，纷纷谋求不同形式的政府补贴。

1933年2月8日，波音公司一架全灰色的247原型机载着10名乘客，在华盛顿州的西雅图进行了首次试飞。波音247是一种全金属结构、悬臂式下单翼飞机，装有单垂尾和方向舵，主起落架为可收放式。该机的巡航速度为每小时250千米，航程为780千米。

2.早期航空公司的设备

世界各国航空公司早期的飞行人员和地勤人员几乎全部是从飞行部队招收来的，没有进行过专业的业务培训，使用的飞机主要是单发（一个发动机）飞机，多数飞机的座位不超过12个，导航设备很少。但是由于来自军队的飞行员技能高超，航班的准时性还是很高的。迫降是当时经常发生的事情，但由于着陆速度低和滑跑距离短，保证了多数迫降不致造成大事故。

最初的航空运输几乎都是利用剩余的战时飞机来进行的。这些飞机都做了不同程度的改进，以适用于商业运输。所谓改进，不过是拆除了枪炮和炸弹挂架，个别飞机装上了简单的密闭座舱，其"本质"并没有变动。多数的运输机当时都没有装备电台，

蓬勃发展的民航业　103

没有航行管制系统，仅有的着陆辅助设备是鹅颈形燃油照明灯和风标台。导航主要取决于飞行员对航线的了解和识图的能力。一些航线基本上是沿公路、铁路或显著地形地物建立的。为了帮助飞行员了解城镇的名称，往往在火车站的屋顶上用大型字母标写出来。一些战时的旧飞机库和木棚,都被用来充当候机室。

肯尼迪国际机场

英国的航空公司是最早在飞机上安装双向通信电台的航空公司之一，他们还很快研制出了一种原始的航行管制系统和无线电定向装置。有了这些设备和措施，在空中交通量较小的情况下,飞机碰撞的危险就变得很小。不过，这些方法还不能适应大交通量的要求，而且不能在不良气象情况下提供大规模安全着陆的条件。有些飞行员特别善于按隐约闪现的地标保持平直飞行并计时进场，只有他们才能在雾蒙蒙的天气中驾驶飞机安全着陆。

尽管存在着飞机不适用和导航设备简陋等问题，欧美各航空公司还是建立起了一个比较广泛的航空运输网。到了20世纪30年代初期，出现了全金属多发单翼运输机，它装有可以收入机腹的起落架、襟翼、变距螺旋桨、自动驾驶仪和盲目飞行仪表，它们使航空运输发生了巨大的变化,从而使它同铁路、公路和水上运输一样,成为一种正规的运输工具。

德国人最早有限地使用洛伦茨波束引导着陆系统,它与自动驾驶仪器相配合,达到自动着陆的目的。这种系统后来逐渐发展成为现在广泛应用的仪表着陆。同时，美国人研制出了一种导航系统。利用这种系统，飞机可以沿着形成航路的波束通道，从一个无线电信标飞向另一个无线电信标。这种系统逐渐发展成现在的标准导航设

全金属单翼机

备——无线电信标系统。

活塞式发动机让位给燃气涡轮发动机，原始的无线电设备发展成为惯性导航系统，草坪机场发展成为具有混凝土跑道、仪表着陆系统和高级照明系统的大型机场。这一切都标志着航空业开始步入现代发展阶段。

随着第二次世界大战的结束，航线班机恢复了和平时期的正常业务及航线网，提供了必要的通讯联络，商业航空成为一种广受欢迎的大型公共运输形式。

今天的旅客可以在上万米的高度上，坐在温暖的增压座舱内看电影，他们很难想象早期旅客们的飞行条件。当时由于要考虑如何减轻重量，几乎所有的飞机上都没有地毯，坐椅的设计水平也不高，许多乘客都是坐在敞开的座舱内飞行的，由航空公司借给他们飞行服。后来，人们开始利用发动机排气为座舱提供暖气，才解决了保暖的问题。早期的飞机用蒙布作为舱壁，飞机内部的噪音几乎同外部一样大。随着飞机效能的提高，可以为隔音增加一些重量了。同时，隔音材料本身也在不断改进，但是研制低噪音座舱却用了许多年的时间。在最初的飞行中，通风并不成为问题，因为那时飞机的机窗都可以像火车一样拉开，在一种英国飞机上，人们竟可以拉开舷窗，将手伸出触碰到螺旋桨附近。当飞机的速度提高后，飞机不可能再用敞开式舷窗，于是飞机上出现了通风孔。直到密封座舱研制出来后，人们乘坐飞机的条件才开始得到根本的改善。

罗兰·加洛斯

3. 第一次飞越地中海

法国人总喜欢把四大满贯赛事之一的法国网球公开赛称为"罗兰·加洛斯"，而来自其他国家和地区的记者则一致称它为"法国网球公开赛"。对于法国人来说，罗兰·加洛斯这个名字代表着一段英雄传奇。

加洛斯是一位著名的飞行员。1913年11月29日，他驾驶飞机穿越地中海，从法国飞到非洲，第一次实现了飞机的国际飞行，成为历史上第一位途中不着陆飞越地中海的人。此后，人们开始大胆地进行各种开辟国际航线的尝试。

1914年，第一次世界大战爆发，加洛斯加入了法国军队。经过几次战斗后，他发

蓬勃发展的民航业　105

最早安装射击同步协调器的"福克"式飞机

现一边驾驶飞机一边进行射击难度太大,于是他就在自己驾驶的飞机前边加装了一架机枪,这样一来,他就可以将射击目标和飞行方向合二为一。为了防止螺旋桨被敌人的子弹击中,他还在螺旋桨上加装了钢片保护层。从1915年4月1日开始,他成功地击落了三架德国空军的飞机,一时间在法国国内声名大振。

1915年4月18日,加洛斯的座机被击中,他不得不迫降在德国一侧的土地上。荷兰飞机设计师安东尼·福克得知这个消息后,急忙赶到现场,对加洛斯座机的结构进行了仔细研究,由此受到启发,研制出了射击同步协调器。德国空军的飞机增添了这个装置后,火力大增,协约国的飞机纷纷坠落,这就是当时著名的"福克灾难"。

1918年2月,加洛斯成功地逃出了德国战俘营,回到法国军队服役,再次飞上蓝天。1918年10月5日,他的飞机再一次被击中,壮烈牺牲,年仅30岁。

由于加洛斯的名字很响亮,以至于很多人认为他是世界上第一位王牌飞行员。事实上,他一共击落过三架飞机,不够王牌飞行员的资格。当然,这并不影响他成为一名出色的飞行员,他还有可能是世界上最早的战斗机飞行员。

加洛斯牺牲后,法国人对他非常怀念,于是在1920年将巴黎的一个网球场命名为罗兰·加洛斯球场,这个球场就是用来举办法国网球公开赛的场地。后来,法国人还把法属殖民地留尼汪岛上的国际机场命名为"罗兰·加洛斯"。

4.第一架空中定期航班

坦帕海湾位于美国佛罗里达州的西部,在这个海湾旁有两个城市,一个是圣彼得斯堡,另一个是坦帕,它们隔海相望,相距只有35千米。如果坐火车从陆地上往来需要12个小时,要是坐轮船的话,也得花费两个小时左右。于是,一位航空业人士建议,在这个城市之间开辟一条空中航线,只需大约20分钟便可从一个城市飞到另一个城市。

这位航空业人士就是贝诺伊飞机制造公司的总经理贝诺伊。他在圣彼得斯堡市政府和一些实业家的资助下,制成了一架名为贝诺伊-14型的水上飞机。这架飞机的外形像条船,翼展为10.97米,机身长7.92米,重635千克,由一台75马力发动机驱

知识链接

水上飞机为什么能在水上起降？

水上飞机是能在水面上起飞、降落和停泊的飞机。它分为船身式和浮筒式两种，机身呈斧刃形，也像飞机一样有机身、机翼、尾翼、螺旋桨以及起落架。当水上飞机停泊在水上时，宽大船体所产生的浮力，就会使飞机浮在水面上并且不会下沉。但在需要起飞时，螺旋桨发动机产生的拉力就会拖着它以相当快的速度在水面上滑行。伴随着速度的不断增加，机翼上产生的升力就会慢慢克服飞机的重力，从而把飞机从水面上逐渐托起来，成为在空中飞行的航船。而在它完成空中任务之后，便会重返水面，从而成为一只可以在水上滑行的轮船。根据这一特点，人们又把水上飞机叫做水上飞船或飞机巡洋舰。

动。机上有一名驾驶员，可搭载一名乘客。

1914年1月1日，圣彼得斯堡海滩上人群如蚁，全市几乎是倾城出动，来观看停在海水中的那只带翅膀的小船是怎样升空的。人们很难想象得出，这样一艘"铁船"会在海上飞起来。

上午10时，海面上马达轰鸣，在滚滚浪花的前面，"铁船"升起来了，升到离海面大约25米的高度上，它缓缓向东南飞去。一直不愿离去的人们，都在等待着胜利的消息。大约45分钟后，"铁船"在坦帕市附近海上降落后，又飞了回来。海边的人们欢呼雀跃，世界上第一家航空公司的第一班飞机飞行成功了。当天驾驶这艘"铁船"的驾驶员，就是著名的特技飞行员杰多。

从此，世界上第一架定期航班开始正式运营，它一天往返两次，一次只能运送一名乘客或约450千克的货物，票价为5美元。这在当时是相当昂贵的，而且乘客和驾驶员并排坐在敞开式的座舱内，起飞和降落时，水珠会溅满全身。尽管如此，人们的热情丝毫未减，连日满员，盛况空前。

1914年1月下旬，另一艘能载4名乘客的"铁船"又投入了运营，驾驶员是杰纳斯兄弟。直到当年4月份因经费问题而停业，这条航线从未发生过一次事故，杰纳斯兄弟一直按时飞行，仅有8天时间因天气不好的原因而停飞，累计飞行航程达到17 700千米，共运送了1 204名乘客。

圣彼得斯堡—坦帕航线历时虽然短暂，却揭开了世界航空运输史上光辉的一页。在这条航线上显赫一时的两位驾驶员杰纳斯兄弟，他们后来的命运却不尽相同。哥哥安斯尼来到柯蒂斯飞机公司担任推销员，1916年10月，他向俄国沙皇政府的代表表演飞行时不幸坠机身亡。弟弟罗其尔在第一次世界大战中担任美国远征军的飞行员,于1918年4月被击落牺牲。这两位世界民用班机制的开拓者离开人世的年龄都不到30岁。

5."空中小姐"的来历

民航客机刚投入运营时,飞机上的乘客都是由副驾驶员兼职照料的。后来,英国的戴姆勒航空公司招收了一个名叫山德森的小伙子,到班机上当服务员,他因此成为世界上第一位男性空服员。由于效果不错,其他航空公司也开始效仿,招收起了男空服员。这样一来,机组的成员就增多了,但仍然是清一色的男性王国。

那么,"空中小姐"是怎样出现的呢?那是1930年5月里的一天,在美国旧金山的一家医院里,护士丘奇小姐与波音航空公司驻旧金山董事斯廷帕森在一起谈天。当斯廷帕森说起男空服员干活有力气,就是有时心比较粗时,丘奇小姐便向他建议道:"您不能雇用女乘务员吗?姑娘天性细致温柔,可以胜任空中小姐的工作。"

斯廷帕森想了想,觉得很有道理,就决定采纳她的意见。几个月后,丘奇小姐不仅被航空公司录用,而且让她负责另外7名女乘务员的训练工作。当时录取女乘务员的条件是:年龄在25岁以下,必须是正规护士,体重在52千克以下,身高在163厘米以上。

这些从很多报名者中挑选出来的女乘务员们,穿着带有灰色和银色纽扣的毛制服,每月可以领取到125美元的工资。当时飞机上还没有暖气,密封构造也不好,每月至少要飞100个小时,所以乘务员并不是什么令人羡慕的工作。此外,女乘务员的工作不仅是在飞机上给客人送果汁、油炸鸡、面包卷,倒红茶和咖啡等,还要帮助旅客搬运行李,打扫机舱里的卫生。航班结束后,还要帮助驾驶员和维修工把飞机从机库中拖出来拉进去。在飞机场上,她们甚至还要帮助检票。1 500千米的行程,那时需

飞机与空中交通工具的故事

要飞行18个小时。女乘务员们因此经常要工作24个小时,丘奇姑娘和其他7位护士出身的女乘务员,不仅受到部分男性驾驶员们露骨的敌视,而且社会上有些贵夫人还写信给民航公司,要求辞退女乘务员。但是,波音航空公司也收到了许多乘客对女乘务员的好评,这才没有辞退她们,从而给女性开辟了一个新的就职领域。

此后,弗朗斯公司也开始录用女乘务员,在国际航班中首次出现了飞机女乘务员。1934年以后,瑞士、荷兰和德国等国家的航空公司相继录用女乘务员,"空中小姐"逐步成为民航班机上不可缺少的机组人员。

6.包机飞行与"免费"的包机

1911年6月28日,客船"奥林匹克"号从纽约港去大西洋做处女航行。将要出航时,乘坐这艘船的费城商人巴匹的眼镜坏了,拿到一家眼镜店去修理。巴匹在船离岸前几分钟打来电话,要求这家修理店把眼镜寄到伦敦去。眼镜店的老板接到巴匹电话的同时,听说英国飞行家索皮斯正好驾驶"哈瓦德·莱特"型飞机到了纽约,便向索皮斯提出要包用这架飞机把修好的眼镜送到船上。索皮斯应承了下来。他驾着飞机飞行了10千米后,追上了"奥林匹克"号。当飞机和客船相衔接时,索皮斯做了一个漂亮的低空飞行,把包好的眼镜投在了甲板上。就这样,"哈瓦德·莱特"成了世界上最早的包机。

> "环球快车"是加拿大庞巴迪公司研制的远程高速公务运输机。这种型号的飞机原是加空宇航集团设计的,1986年加空宇航集团被庞巴迪集团收购后,它被定名为"BL901环球快运"。

蓬勃发展的民航业

英国是世界上最早实行包机飞行的国家,它在为许多人提供便利的同时,也耽误了不少人的大事,贝尔特海姆公主就是其中的一位。

1914年5月21日,贝尔特海姆公主因为有要事要去法国的卡赖与人会晤,于是就包租了诺赞航空公司的一架双翼飞机。这架包机克服了能见度不好的困难,在7时30分飞离亨登机场,但是因为当时英吉利海峡的雾实在太大了,被迫在伊斯特本降落等候机会,所以抵达法国卡赖的时间已是16时30分了,超过了约定会晤的时间。贝尔特海姆公主对于此行非常生气,作为赔偿,诺赞航空公司没有收她的飞机票钱。

7.为集资而开办的航空邮政

1911年初,英国皇家海军中校温德姆应印度政府的邀请,带领8架飞机到印度的阿拉哈巴德进行飞行表演。当地三圣教堂的牧师找到了温德姆,询问他能否为教堂计划捐建的一所学生宿舍筹集一些经费。温德姆想帮这个忙,但他没有那么多钱,牧师就建议他利用飞机从阿拉哈巴德带一些邮件,飞越恒河到达阿利加,将信件盖上专门的邮戳后,再用普通方法寄出,这样就能得到一笔现金。

英联邦邮政总长和印度邮政总长批准了这个建议,并批准了专门的邮戳,核定的航空邮费比普通邮费多6个安那。那位牧师被任命为机场的邮政局长,但不是正式的。

1911年2月20日,飞行员佩凯驾驶一架装载有6 500封信件的双翼机,飞到距离阿拉哈巴德8 000米外的乃尼,再由火车转运,完成了世界上第一次航空邮政飞行。这天恰好是一个宗教节日,估计不下100万人到恒河去"洗罪",他们都目睹了这一"事件"。另外,还有一些官方人士参观了这次飞行,其中包括很多地方政府官员。此后,佩凯和另一个飞行员基恩·戴维斯又进行了多次这样的飞行,筹集到了大量资金,那所学生宿舍终于建成了。

温德姆中校完成了在印度的使命后,回到英国就马上着手创建联合王国的航空邮政事业。他把首次空邮的时间选在了1911年9月9日,这是英国国王乔治五世的加冕典礼日。消息传开后,前一天晚上,人们就争先恐后地投寄信件和明信片。邮局在所有的信封和明信片上都盖上一个官

现代双翼机

方的邮戳，标有"联合王国第一航空邮政局"的字样，然后通过专门的邮政信箱送到了亨登机场，从这里将信件空运到温泽公园，然后通过普通邮政渠道送到目的地。举行航空邮政启动典礼时，成千上万的观众挤满了机场和周围的空地。

这一天的天气非常糟糕，风速超过每小时64千米。在正常情况下，没有一个飞行员敢在这样的气候条件下进行长途飞行。但是，因为这是一个重要的时刻，所以，执行首次空邮任务的哈梅尔还是于16时58分起飞了，10分钟后到达温泽公园。由于气象条件不好，致使飞机不能在预定场地着陆，但哈梅尔还是在距离温泽公园很近的弗罗格莫尔皇家陵墓附近着陆了，从而完成了英国也是欧洲的第一次航空邮政传递。

"柯蒂斯"JN-4双座飞机是美国第一种批量生产的飞机，它问世后很快得到了"詹妮"的亲切称呼。第一次世界大战时，几乎所有美国和加拿大的飞行员都在这种飞机上学习过飞行。1918年5月，它正式成为美国第一种邮政飞机。

第二天没有继续进行飞行。第三天由哈梅尔和格雷斯韦尔进行了三次飞行。本应进行四次飞行，但不幸的是，飞行员于贝尔在进行圆圈飞行准备调整飞往温泽的航线时，飞机坠毁了，他本人摔断了双腿。

这次航空邮政飞行进行了10天，飞行了34次，一共筹集到了937英镑，一部分捐赠给了医院，另一部分用来建立"加冕节航空邮政基金"。直到现在，这笔基金还在使用。

8.世界各国的机场

机场是飞机起飞、降落、维护、停放的场所。最早的机场应该算是莱特兄弟第一次试飞成功的地方，不过那只是海滩上的一大片空地而已，地面比较松软，飞机落地时不致撞坏。随着航空技术的发展，特别是进入喷气机时代之后，对机场的要求越来越高。现代机场一般都拥有相互连接的一条或多条跑道、滑行道、停机坪、机库、加油站和修理车间等设施。

美国芝加哥市的奥黑尔机场是世界上最繁忙的机场。芝加哥是美国最大的工业城市，世界500

蓬勃发展的民航业

戴高乐国际机场

强企业中有15家公司的总部设在这里。芝加哥还是连接美国东部和西部的交通枢纽，这里平均每3分钟就有一架飞机起飞或降落。

1942年建成的香港启德机场，位于九龙半岛东部，占地215公顷，跑道向东南伸入海湾，机场距市中心7.5千米里。1996年启德机场旅客吞吐量达到2 800万人次，超过设计能力400万人次。1998年7月6日，香港国际机场启用，启德机场这才关闭。

香港国际机场位于香港岛以西的大屿岛北端，面积是老机场的三倍，大部分土地是填海造成的。每年可吞吐旅客4 500万人次及货物300万吨。现有大约70多家国际航空公司每周提供约4 300架次定期客运及全货运航班，来往于香港及130多个遍布全球的目的地。其客运大楼面积达550 000平方米，是客运大楼面积的世界纪录保持者。大楼内有3 000米长的行人自走道、55 000平方米的玻璃幕屏及117 000平方米的地毯。

阿姆斯特丹史基浦机场是著名的国际航空枢纽港，是欧洲相当重要的空中门户，也是世界上最有效率、最便捷的机场之一。史基浦机场不仅是荷兰皇家航空公司的飞行基地，更是其他80余家航空公司的重要据点。机场靠近出海运河，联着高速公路，机场广场下面是地铁车站，乘地铁可直达连接欧洲铁路网的阿姆斯特丹中心火车站，在这里每隔10多分钟就有一列从荷兰连接欧洲各国的国际列车进出。

法国巴黎的戴高乐机场是以法国前总统戴高乐的名字命名的，建于1967~1974年，设计高峰容量为每小时起降班机150架次，客运量为每年5 000万人次。机场有两座候机楼，分别供国际和国内旅客使用。整个候机楼为钢筋混凝土结构，外观浑厚和谐，没有多余装饰；内部装修简洁明快，色彩鲜艳。但是有不少的旅客抱怨说，戴高乐机场

> 世界上面积最大的机场是位于沙特阿拉伯红海之滨的吉达国际机场，它于1975年正式动工，总投资约为45亿美元，占地面积达103平方千米，比原来世界上最大的美国达拉斯国际机场的占地面积还大两倍。

希思罗机场候机楼

的候机楼内行动路线复杂,离港、进港和转运层之间的自动步道交叉跨越圆形平面中心的天井,缺乏一目了然的方向感。虽然楼内有许多路标,还设置了广播、问讯系统,仍不免使人感到有些迷惑。

位于美国纽约的肯尼迪国际机场始建于1942年,1948年7月1日投入使用。它的原名为"纽约国际机场"。1963年11月22日美国总统约翰·肯尼迪遇刺身亡,12月24日该机场改名为"约翰·菲茨杰拉德·肯尼迪国际机场",以纪念这位不幸的总统。

英国最大的航空港是伦敦的希思罗机场,它也是世界大型航空港之一。它的年起降飞机超过27万架次,年客流量约2 800万人次。

德国最大的机场是法兰克福国际机场,它在欧洲机场中排名第二位,是全球很多国际航班重要的集散中心。在机场的南部,曾是美国重要的空军基地莱茵—美因空军基地所在地。

大阪关西机场在日本是首屈一指的特色机场。它是完全建立在海上的机场,一期和二期机场岛合计面积达1 055公顷,有长度3.75千米的跨海桥与陆地连接。在它的历史上,从未有因大雾影响航班的时候。这里虽然是包括世界上20多家航空公司的乘客办理登机、转机手续的地方,人们却感觉不到语言的障碍。比如办理登机手续,可以通过ANA柜台前的自助登机手续办理装置实现无对话办理。自助机屏幕上有中、日、韩、英四种语言,只需把护照一"贴",就能取出登机牌。乘客可以参照屏幕中的座位布局,随心所欲地挑选座位。全日空还通过引进直进筛选方式,免除了登机手续之前的行李检查,从而缩减了等候时间。

大阪关西国际机场

全日空的空姐美誉度极高,她们系着全日空特有的蓝白相间图案的围裙,轻盈地穿梭于机舱过道之中,动作利落而得体。全日空选拔空姐重"貌"更重"才",那些经验丰富、能够为旅客提供周到的人性化服务的空姐,在全日空的待遇很高,但她们绝不是吃"青春饭"的。她们不仅不会轻易被辞退,而且合格的空姐可以一直干到退休。

北京首都国际机场

9.空中交通管制

空中交通管制是指国家对其领空和飞行情报区内的航空器飞行活动实施统一的管理和控制,其目的是维护空中飞行秩序,提高飞行空间、时间利用率,保证飞行安全。空中交通管制的基本任务是制定和颁布空中交通管制法规,划定管制区域和各种飞行空域,规划空管设施和航路的通信、导航、雷达设施建设,审批各种飞行申请,组织实施飞行调配,协调各部门对飞行空间的使用,提供空中交通管制服务,监督和控制一切飞行活动,组织飞行情况通报,防止航空器之间、航空器与地面障碍物相撞,防止对空兵器误射航空器,为国土防空部门提供飞行计划内的情报等。

随着航空工业的蓬勃发展,世界上许多国家和地区相继修建起了机场,并拥有一定数量训练有素的飞行员和其他空勤人员,天空成为人类无限向往和任意使用的资源。然而,1910年在维也纳发生了世界航空史上的第一起飞机空中相撞事故,人们开始认识到飞行活动也需要进行合理有效的管理。于是,空中交通管制作为一种新兴的行业产生了。

最初的空中交通管制服务是通过简单的

知识链接

中国的机场

共和国成立以来,通过几十年的努力,民用机场布局和建设已初具规模。北京首都机场于1958年3月2日正式投入使用,是我国地理位置最重要、规模最大、设备最齐全、运输生产最繁忙的大型国际航空港。它不但是我国首都北京的空中门户和对外交往的窗口,而且是我国民用航空网络的辐射中心。随着民航事业的发展及客货运量的不断增长,经过不断改造和扩建,它的飞行区域设施达到国际民航组织规定的4E标准。截至2003年末,我国大陆共有通航的民用机场127个,停航保管机场12个,其中国际机场32个,军民合用机场39个。2004年,我国机场旅客吞吐量超过2亿人次。预计到2010年,我国大陆民用运输机场将达到200个,2020年将达到250个左右。

旗语指挥来实现的,空中交通管制员使用红、绿旗指挥飞机起飞、着陆或复飞。随着电子技术的发展,实现了空中交通管制员通过无线电询问飞机的位置和高度信息,传递空中交通管制指令。伴随着航空运输业和飞行流量的快速增长,空中交通管制区域开始划设,机场建立起了空中交通管制塔台,出现了专职的空中交通管制员。

随着空中飞行和空中交通管制规章的制订,以及空中交通管制权力机构的设立,空中交通管制正式进入程序管制阶段。20世纪70年代末,雷达逐步应用于空中交通管制领域,航空事业较为发达的国家,相继建立起了自动化空中交通管制系统,空中交通管制也由程序管制过渡到了雷达管制。当前,为了适应未来日益增加的空中交通流量需要,许多国家正在研究将全球定位系统和全球导航卫星系统等新技术应用到空中交通管制服务中来。

10.夜航与空中电讯

早在20世纪20年代初期,各民航公司就对安全而经济的航线飞行有着迫切的要求。多数航空公司需要能够赚钱的经济可靠的飞机。在欧洲漫长的冬季里,白天很短,针对这个情况,各个航空公司开始寻求夜间飞行的途径,由此导致了建立有照明设施的航线,也就是在航线上每隔一段距离建立一个"灯塔"。同时还导致一系列机场照明设备的出现,如定位信标灯,跑道边界灯,障碍灯和泛光灯等。这样一来,就可以在夜间和能见度比较低的条件下,进行着陆引导。

1921年2月,美国人开始在横贯美国大陆的整个航线上进行昼夜试验飞行。1923年,在芝加哥与夏延之间建立了一条有灯标设备的航线。从1924年7月1日起,美国的所有国内航线上都开始了定期夜航。

早期的飞机上都没有无线电设备,飞行员在空中只能采取打手势、摇机翼等方法与地面取得联络。1910年8月27日,加拿大驾驶员玛卡迪首次把无线电设备搬上了飞机。他在美国纽约州贝伊赛马场的上空,从飞机上向地面发出了如下电文:"由于你收到了从飞行中的飞机上发出的这一电讯,因而翻开了航空史上新的一页。"这是世界上从空中发回地面的第一条电讯。

蓬勃发展的民航业

C-54"空中霸王"号是美国第一架正式的总统专机

11. 美国总统的专机

美国第一位使用飞机的在职总统是富兰克林·罗斯福。在20世纪40年代,他曾经租用航空公司的飞机去过南美和非洲。第二次世界大战期间,白宫决定为总统配备一架像样的专机,当时性能比较优越的是B-24重型轰炸机,于是一架B-24就被改装成了总统专机。可是,由于这架被命名为C-87A的飞机安全可靠性比较差,美国特工机关坚持不让罗斯福总统乘用。但是,罗斯福总统的夫人却多次使用过它。1945年初,一架专门设计的、装有4台发动机的C-54型飞机成了总统专机,凭借着飞机上各种先进的通讯设备,总统在飞行途中可以随时了解国内外的情况,及时下达指示,也可以在飞机上召开会议,决定重大问题,因而又有"空中白宫"之称。罗斯福乘坐着这架专机参加了著名的雅尔塔会议。

1946年4月,罗斯福去世后,继任总统杜鲁门继续使用这架飞机,直到20世纪50年代初,道格拉斯公司又为杜鲁门总统制造出一架新的专机为止。1947年,杜鲁门正在等待起飞,准备去看望生病的母亲,突然接到需要他做出指示的重要文件。于是,他在飞机上签署了关于建立美国国防部和独立空军的决议案。

艾森豪威尔成为杜鲁门总统的接班人以后,由洛克希德公司为他制造了一架C-121专机。不久,这架C-121专机被一架超级星座式飞机所取代。在此之前,美国总统专机在

1943年1月,罗斯福总统乘坐波音314"迪西飞剪"号前往摩洛哥的卡萨布兰卡,由此成为美国历史上第一位在任期内乘飞机出行的总统。

尼克松总统乘坐"空军一号"访问中国

与地面进行通讯联络时，一直使用的是机尾编号，为了避免专机与其他飞机搞混，专机飞行员德雷帕建议：总统专机要有一个明显的呼号。可是用什么呼号好呢？经过集思广益，"空军一号"这个称呼就出现了。

从1962年10月开始直到现在，美国历届总统的"空军一号"都是用波音-707式飞机改装而成的。在"空军一号"上，曾经发生过不少趣闻轶事。

1963年11月23日，肯尼迪总统遇刺身亡后，人们就是用"空军一号"把他的遗体从达拉斯运回华盛顿的。肯尼迪的接班人约翰逊在这架"空军一号"上宣誓继任美国总统，他因此成为美国历史上第一位在飞机上就职的总统。

1972年，尼克松总统乘坐"空军一号"首次访问中国。两年以后，他因水门事件而被迫宣布辞去总统职务的消息，也是在专机上宣布的。

目前，美国的"空军一号"集现代科学成就之大成，将高效、远航、舒适和方便融为一体。机上配备了当今世界上最新的通讯设备、反导弹装置、防核战设备等。它无疑是世界上最昂贵的飞机。机上设有豪华的总统套间，还有会议室和新闻发布室等，光是电话就有近百部，所储存的食物足够23名机组成员和70名乘客食用一个星期，飞机上的一间工作室可随时变为一座小型医院。

美国的总统专机有两架，即主机和副机。若主机发生故障，总统可以换乘副机。当遭遇导弹袭击时，副机机体能自动发出一种电磁波，用来吸引攻击，保护总统专机脱险。据说有一次，"空军一号"在中美洲降落时受到来自地面的导弹攻击，由于及时开启了电子对抗系统并迅速发射了大量诱饵弹，使得"空军一号"躲过了一场大难。

蓬勃发展的民航业

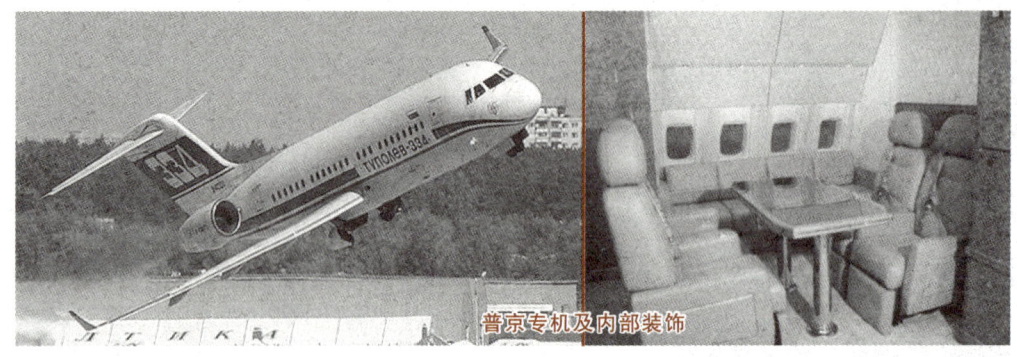

普京专机及内部装饰

12. 世界各国元首的专机

苏联和俄罗斯国家元首的专机都是国产飞机，他们坐过的专机多为"图-134""图-154"和"伊尔-62"。

1994年，俄罗斯总统叶利钦深感自己的专机大大逊色于美国总统的"空军一号"，于是花费了两亿美元，请瑞士的一家飞机制造公司用了三年多的时间，在1996年将一架"伊尔-62"专机改造成为了颇具现代豪华气魄的"伊尔-96"新型专机。

俄罗斯总理普京的专机被俄罗斯人称为"飞行的宫殿"，其豪华程度绝不逊色于克里姆林宫。飞机上的墙板全是木制的，色调深沉、庄重。机内设施豪华，设有一个浴室、两个卧室、一个可容纳12人的会议室以及其他设施。普京专机上的办公室约10平方米，总统出行时，被传为神话的"核按钮"公文包就放在这里。机内装备有最先进的通信指挥设备，普京在空中可以与世界任何地方取得联系。

科尔和施罗德曾先后担任过德国总理，他们在专机的选择上风格有所不同。科尔非常喜欢"超级美洲豹"号直升机。这种飞机用材昂贵，舱内铺有地毯，装有锃亮舒适的皮沙发以及其他生活设施。乘坐这种飞机出行，每半小时的花销高达10 544马克。有人开玩笑说，科尔每次出行都得带上一个移动厨房。

德国总理专机

处事低调的施罗德出行时喜欢乘坐的是政府航空中队的飞机。这支航空中队成立于1957年，归德国国防部管辖，基地设在科隆—波恩机场，每年绕全球飞行近600万千米。目前它拥有5架A-310空中客车，2架波音-707，还有7架"挑战者"飞机以及一个直升机分队。

英国女王和总理通常乘坐英国皇家空军32营的飞机。当年，为了参加在葡萄

牙举行的欧盟峰会，皇家空军32营为首相、财政大臣、外交大臣等每人出动了一架专机，共花费国库4.75万美元。反对派因此抱怨说："这是对纳税人资金的肆意挥霍。"

意大利总统专机

布莱尔就任首相期间，使用的专机是一架旧的VC-10军用飞机，内部并不特别奢华。地上铺有一尘不染的地毯，坐椅特别宽大，就是靠背已经松松垮垮，使人的头部感觉非常不舒服。在这架专机的"空中酒吧"中，所有酒类都免费提供，乘客还可以享用到200多美元一瓶的威士忌。

意大利政府办公厅下辖一个小型飞行队，意大利政府首脑们乘坐都是空中客车系列，其中A319CJ被誉为"航空工业的明珠"，成为意大利政府办公厅小型飞行队的主力品牌。该机的前部是首脑亲信的办公室，中部是首脑的办公室，在需要的时候可以方便地改装成带双人床的卧室，后部有48个座位，可供机上人员享受，尾部是厨房和餐厅，机上人员可以享用各式可口的意大利面条及名牌饮料。机上的服务人员都是男性，由意大利空军官兵担任，驾驶员也是军人。当年意大利总理访问俄罗斯时，曾经发生了专机在莫斯科机场被叶利钦的专机撞坏了这样不愉快的事情。

13. 波音与麦道

波音公司的前身是1916年由威廉·波音创立的太平洋航空制品公司，它是一座水上飞机工厂，专门为美国国防部制造军用飞机。1934年建立波音飞机公司，1961年改为波音公司。总部以前设在西雅图市，2001年9月迁至伊利诺伊州的芝加哥市，制造飞机的工厂则集中在华盛顿州和堪萨斯州。

麦道公司的创立人是麦克唐纳和道格拉斯。他们两个人都是麻省理工学院的毕业生，都曾在马丁飞机公司工作过，但他们俩并非一开始就在一起创

知识链接

四大客机生产商

目前世界上四大主要客机生产商分别是波音公司（总部在美国）、空中客车公司（总部在欧洲）、庞巴迪公司（总部在加拿大）、巴西航空工业公司（总部在巴西）。还有苏联的图波列夫设计局也很著名，它以总设计师图波列夫的名字命名，先后设计出多种轰炸机、运输机。苏联解体后，为了适应市场竞争的要求，图波列夫设计局与喀山、基辅、塔干诺格、萨玛拉和乌里扬诺夫斯克五家军工企业组成图波列夫航空科学技术联合体，集飞机设计、试制、生产、销售和售后服务于一体，大力研制第二代超音速客机和图-34多用途飞机。

蓬勃发展的民航业　119

业。1921年7月，道格拉斯在洛杉矶建立了道格拉斯飞行器公司，1924年第一次环球飞行所用的飞机就是道格拉斯飞行器公司制造的。道格拉斯公司刚刚建立的时候，主要为美国海军制造鱼雷轰炸机，但很快就在这种飞机的基础上制造出了观察机和商用运输机，著名的DC-3型运输机被认为是飞行史上最重要的运输机。在公司建立之初，年产量达到了100架飞机。

道格拉斯公司生产的DC-3型飞机于1991年底前，在全世界经典航线上不间断地飞行了55年，确立了现代商业航空的标准。

1928年，一心想造出供家庭使用的私人飞机的麦克唐纳，在威斯康星州米尔瓦基建立了一家公司，但随之而来的经济危机使他的公司倒闭，他只好前往马丁飞机公司工作。1938年，他离开马丁公司在密苏里州的圣路易斯附近再次建立了一个属于自己的公司，称为麦克唐纳飞机公司。

在相当长的一段时间里，波音、道格拉斯、麦克唐纳这三家公司在飞机制造领域里并驾齐驱，不分高下。道格拉斯公司成功地开发出四引擎飞机DC-6和最后一架螺旋桨民用飞机DC-7。1953年后，道格拉斯公司转向喷气式飞机的研制，首先推出了军用喷气式飞机，接下来又推出了民用喷气式飞机，1958年还推出DC-8与波音707竞争。麦克唐纳公司以生产军用飞机为主，朝鲜战争中成为美国空军重要的军用飞机提供商，它所生产的F-4"幽灵"Ⅱ受到美国空军的广泛欢迎。

1963年，道格拉斯公司由于过分扩展DC-9、DC-8和A-4的生产，产品质量和资金链发生了问题，不得不考虑与麦克唐纳公司合并。1966年12月，道格拉斯公司

波音707是真正得到世界公认的干线喷气客机，在商业运输上最为成功。它采用大后掠翼，翼下吊挂着四台喷气发动机，航程5800千米，载客105人，最大巡航速度达到每小时966千米。1954年7月15日，波音707原型机首飞成功。波音707在研制过程中采用了很多新技术，例如在发动机上安装吸收噪音的装置、缩短滑跑距离的贝壳形反推力装置等。

接受了麦克唐纳公司开出的条件。1967年4月28日,这两家公司正式合并,成立麦道飞机公司。

麦道公司成立后,一度发展势头非常迅猛,1968年开始生产DC-10,1971年首架DC-10交付使用。1977年开始推出后来称为MD-80的DC-9后代系列,这个项目非常成功。DC-10的后代产品MD-11从1986年开始,一共售出200架。麦道公司还生产出不少优秀的军用飞机,包括F-15"鹰式"战斗机、F/A-18"黄蜂式"战斗攻击机以及BGM-109"战斧式"巡航导弹。

1996年12月15日,世界航空制造业排行第一的波音公司宣布收购世界航空制造业排行第三的麦道公司。波音公司和麦道公司合并后,在资源、资金、研究与开发等方面都占有巨大的优势,成为目前世界上最大的民用和军用飞机制造企业。麦道与波音合并后,MD-11不再出售,以避免它与波音777发生竞争。麦道公司生产的最后一架飞机是1988年推出的MD-90,它是麦道与波音合并后唯一还被生产的麦道飞机,后来改名为波音717。

波音与麦道一样,都是飞机制造业的先行者,当道格拉斯公司以制造环球飞行的飞机闻名于世时,波音公司却致力于生产比任何其他公司更多的运输机。从1920年到1930年这10年间,波音公司运用新技术生产出了各种型号的运输机,其中最有名的是P-26型轰炸机,它在第二次世界大战中仍在亚洲战场上服役。

当全世界都卷入了第二次世界大战中时,波音和麦道都在努力制造战斗机、轰炸机和教练机以支援前线。战争高潮时期,波音公司每个月能生产出362架B-17型飞机。不过,二战早期美国军用飞机的主角却是麦道公司生产的双引擎轰炸机。

波音公司的辉煌时代出现在

> 波音747飞机是世界上第一种大型洲际远程宽体客机,可载客500名,机长达70.66米,有着"空中之王"的美誉。它的诞生使得航空运输发生了革命性的变化。如今,全世界各大航空公司纷纷以拥有波音747的数量作为衡量越洋运力的重要标志。747以其明显的"驼峰"机头特征,成为世界上最容易识别的民用飞机。至今,波音747飞机已交付使用1 300架,成为航空业有史以来销售最好的宽体超远程客机。

蓬勃发展的民航业

波音757

20世纪50年代，波音公司的总裁艾伦认识到，突破声音、时间和空间的障碍，将成为飞机制造业的主要研究课题，而波音公司凭借其拥有的科学家、经验和设施，完全有能力引领航空业进入一个前所未有的时代。1952年，波音公司冒着巨大的风险，开始着手生产DASH80，即波音707飞机的原型。两年后，DASH80初次登台露面。这时候，麦道公司还不愿意进入喷气式飞机市场，因为它的DC-7型号飞机已经成为无停留横跨美国的第一架客机，似乎垄断了客机市场。但是，很多航空公司更青睐于波音公司的产品，订单纷至沓来，迫使麦道公司开发出DC-8型号的喷气式飞机。

波音公司能够保持住自己在航空制造业"龙头老大"的地位，主要得益于他们不断开发新机型的一贯做法，不断将创新精神发扬光大，在科研方面加大投入。从1969年起，波音公司连续几年累计投入69亿美元，用于超巨型波音747喷气客机的研制开发。这种飞机时速可达1 000千米，可载客490人，载货量达100吨。这种新客机一上市，便为波音夺得了航空客运市场的大部分份额。此后，波音公司再接再厉，针对20世纪70年代末石油危机引发的问题，投入30亿资金研制出了世界航空史上最经济、最省油、最安全、最易驾驶的波音757、波音767新型机，为波音公司赢得了大量订单。

2008年4月3日，波音公司宣布，他们已经成功地完成了氢电池动力飞机的试飞，这也是全球第一次利用氢电池的飞行。这项技术的突破，有助于推动航空业发展"绿色飞机"。试飞时飞机上只有一名飞行员，飞机依靠氢电池提供动力，在1 000米的高度以时速100千米飞了约20分钟。波音公司声称，这架氢电池飞机的飞行时间可达45分钟，起飞时仍需其他电池提供辅助动力，但是在空中飞行时完全依靠氢电池。

波音767

14. 波音与空中客车的恩怨

当波音公司和麦道公司宣布合并计划后,立刻在世界航空制造业引起了一场剧烈的地震。原来航空制造业是波音、麦道和空中客车三足鼎立,如今变为波音和空中客车之间的两霸相争,很显然空中客车公司不是波音公司的对手。1997年1月,欧洲委员会开始对波音兼并麦道案进行调查;5月,欧洲委员会正式发表不同意这起兼并的照会;7月16日,来自欧盟15个国家的专家强烈要求欧洲委员会对这项兼并予以否决。为了完成兼并,波音公司不得不对欧盟做出让步,甚至放弃三家美国航空公司今后20年内只购买波音飞机的合同,这才换取了欧洲人对这一合并的认可。

空中客车公司又称空中巴士,它是欧洲的一家飞机制造公司,1970年在法国成立,参与创立的公司有法国的宇航公司、德国戴姆勒·奔驰宇航空中客车公司、英国宇航公司、西班牙飞机制造公司。

空中客车头等舱

空中客车公司的创建初衷,就是为了同波音和麦道那样的美国公司竞争,因此从一开始,它们之间就纠纷不断。从20世纪80年代到90年代初,波音和麦道不停地指责空中客车从政府那里得到了补助,从而在市场竞争中占据不公平的优势。美国商业部立即着手进行调查,果然不假,空中客车公司从1970到1990年获得的政府补助高达135亿美元,如果

蓬勃发展的民航业

算上商业利息的话,竟然高达259亿美元。

空中客车不甘示弱,反过来指责波音和麦道从政府采购中得到大量的资助。1991年欧洲商会开始着手调查,果然不假,波音和麦道因为政府采购从1976到1990年得到的优惠高达180亿到220亿美元。但是波音公司拒绝承认这个调查结果,声称波音得到政府额外优惠的说法是没有根据的。

1992年,美国和四个欧洲国家决定坐到一起,解决这些令人头昏脑涨的争吵。最后双方达成协议,将欧洲政府对空中客车的直接资助予以限制,不得超过33%的新项目研发费用,并且规定空中客车必须为这些贷款付息。对于这个协议波音公司并不满意,声称今后它仍然会面对政府资助的产品竞争,言下之意,那就是空中客车公司还会得到政府的关照。

1993年2月,新的争议又出现了。新当选的美国总统克林顿把美国航空航天部门工作的减少,归咎于欧盟对空中客车的补助,要求重开谈判。奇怪的是,这次美国航空业显得不像以往那样积极,许多分析家认为,这是因为空中客车装备的发动机来自两大美国公司,一个是普莱维尼,另一个是通用电气。空中客车还购买了很多美国的电子设备。另一方面,许多欧洲航空公司是波音和麦道的大主顾。也许美国的航空界人士担心,在这个时候挑起事端,会让自己到手的利益泡汤。

> 波音747的竞争型号空中客车A380,于2006年进入市场。目前,空中客车A380已成为世界上最大的客机,翼展为79.8米,长为73米,高24.1米。它的客舱面积要比波音747客机的客舱面积大40%以上。

波音宣布并购麦道后,美国的三大航空公司美洲航空、三角洲和大陆航空接着宣布,要给予波音20年的独家采购权。这一下可惹恼了空中客车公司,于是猛烈抨击波音和麦道的合并。欧盟竞争委员会主席卡尔站在空中客车公司一边,宣称要调查这次合并,最终迫使波音做出让步。得到波音公司的承诺后,卡尔才以一种胜利者的姿态宣布同意波音和麦道的合并,一时间欧洲所有的报纸都为卡尔唱赞歌,称他击败了美国巨人。

空中客车公司与波音公司不仅经常打口水官司,还在所有机型上与波音公司展开竞争,而且能做到平分秋色,只是在大型远程民用运输机这个市场上处于劣势。空中客车公司虽然也曾推出过空中客车A340,但仍然撼动不了波音747的绝对优势地位。空中客车积极开发500~800座级的大型民航运输机,意图就在于抢夺由波音747把持的大型客机市场。

空中客车公司推断,未来民用航空业将朝着大型化方向发展,并以此提出了"枢纽、辐射"的理念,即旅客通过支线航班汇聚到枢纽机场,再由大型运输机运送到另一枢纽机场,最后再乘坐支线客机到达目的地。空中客车公司认为,改善21世纪空中交通拥挤的最好办法,就是增加运力。正是根据这一理念,空中客车公司上马了超大型运输机项目。2000年12月,空中客车集团的主要持股者——欧洲航天国防集团与英国航天集团共同宣布,通过投资88亿欧元的A3XX计划,并将其名称改为"A380"。当时就有6家航空公司预定了55架A380。A380于2001年初正式定型,第一架A380出厂时开发成本已升至110亿欧元。

15.一蹶不振的"协和"

1962年,英法两国签署了一个政府合作协议。这个协议提出了一个SST计划,即超音速运输计划,协和式飞机就是SST计划的产物。当时的法国总统戴高乐,亲自将这一研制计划命名为"协和"。经过英国飞机公司(现并入英国宇航公司)和法国宇航公司的通力合作,终于研制出了一种四发超音速客机。1969年3月2日,第一架协和飞机进行了试飞。这是世界上第一架超音速客机,它能够轻松地载着128名旅客以平均每小时2 125千米的速度飞行,其航空高度为1 830米,居当时世界各种客机之首。

蓬勃发展的民航业

为了适应超音速飞行，协和飞机一改往常客机的后掠式机翼，采用了复杂的三角翼。它的细长机身把超音速飞行时产生的阻力压缩到最小，纵向设计的油箱系统更加适应飞机飞行时所需的加速度。由于机头过于细长，飞行员在起降飞机时视线会被机头挡住，所以协和飞机的机头可以垂下，以便飞机在滑行、起飞和降落时，让飞行员获得极好的视野。

协和飞机刚生产出来时，共有18家航空公司承诺订购77架飞机，后来各航空公司纷纷终止了已经签订的订货合同，最后只有英国航空公司和法国航空公司使用协和式飞机投入航线运营。1976年1月21日，协和客机首次投入商业飞行，英国航空公司首航从伦敦到巴林，法国航空公司首航从巴黎经达卡尔至里约热内卢。1976年5月，英航和法航同时推出跨大西洋至美国的航线。后来，由于噪音太大及成本太高等原因，协和式飞机的定期航班除了伦敦—纽约、巴黎—纽约的每日往返飞行外，其他航线都先后终止了。英、法两国的航空公司在协和式飞机的运营上每年要亏损5 000万美元左右，只得依靠两国政府的补贴维持飞行。

协和式飞机虽然票价昂贵，但是速度极快，那些往返于美国和英、法两国之间的工商界、政界高级人士、投资银行家们，仍然把它视为最佳的交通工具。乘坐协和客机从巴黎到纽约，通常只需要3小时15分钟，而巴黎和纽约的时差是6个小时。所以，搭乘协和飞机的旅客最喜欢这样说："我还没出发，就已经到了。"

从飞行安全性能方面来看，协和式飞机也是非常安全的，到1999年底，总共安全运营了24年，使得协和式飞机获得了全球最安全的客机的名声。

然而，2000年7月25日，法国航空公司AF4590航班的一架协和式飞机在巴黎戴高乐机场起飞后，只过了两分钟便起火坠毁，机上100名乘客、9名机组成员全部遇难，地面上另有4名受害者。根据事后调查，这架协和式飞机起飞时碾过了跑道上另一架美国大陆航空公司的DC-10脱落的金属片，造成爆胎爆炸，轮胎的碎片高速击中了机翼中的油箱，引发失火，导致飞机坠毁。这是协和超音速客机运营过程中唯一的一次造成人员伤亡的重大事故。至此，协和式飞机25年安全飞行无伤亡的纪录宣告终结。

出了如此严重的事故，协和式飞机的制造商不得不重新改造机体设计，并修补缺陷，甚至利用制造防弹衣的原料来保护油箱，以避免油箱被高速运动的异物所击

穿。尽管如此,由于整个失事过程被很多人用家用录像器材拍摄下来,在社会上广为传播,给大众的心理上留下了难以抹去的阴影。不论这种飞机以往声望有多高,仅仅一次失事就使得它从此一蹶不振。

协和式飞机于1979年停产,在此之前总共生产了20架,英法两国各生产10架,其中2架原型机、2架预生产型和16架生产型。2003年5月31日,法航的协和客机进行了最后一次商业飞行。2003年10月24日,英航的协和客机结束了最后一次飞行。至此,协和式飞机全部退役。

16. 不幸的图-144

20世纪50年代末以后,世界航空界进入了喷气式客机时代,民航界不断追求飞行速度的提升,人们对超音速运输机的市场前景十分看好,各大飞机制造公司和设计师们纷纷把注意力放到超音速客机身上。如果民航客机能够实现超音速飞行,将使飞机速度提高两倍以

图-144 喷气客机

上,这无疑是一件令人欢欣鼓舞的事情。但是超音速客机的研制并不像亚音速客机那样一帆风顺,经过了近20年的努力,只有两种超音速客机在航线上使用,这就是英法联合研制的协和式飞机和苏联研制的图-144。

1960年,当苏联人得知美国、西欧准备研制超音速客机时,不甘心在这方面落在人家的后边,便仓促上马研制超音速客机。图波列夫设计局承担了这一艰巨的任务,尽管这个设计局人才荟萃,但毕竟巧妇难为无米之炊。据说苏联当局为此专门下令给特工人员,不惜一切代价把超音速客机的秘密搞到手。结果,苏联驻英使馆人员因窃取协和飞机的资料被大批驱逐离境,于是航空界普遍怀疑图-144全面抄袭了协和式飞机。图-144问世后,在外形上果然与协和式飞机非常相近,于是有人戏称其为"协和斯基"。

图-144和协和式飞机一样,都是采用下单翼结构,双三角翼型,机头可下垂,四

蓬勃发展的民航业 127

台发动机分别下挂在机翼下侧。图-144的巡航速度为2.35马赫，最大航程6 500千米，可载客140人。这些指标都优于英法联合研制的协和式飞机。图-144的设计方案于1965年9月在苏联公开展出。1968年12月31日，第一架原型机制成并进行了试飞，创下了时速2 443千米的飞行纪录，相当于2.35倍的音速。经过大约三年的试飞，图-144进行了重大的改动，最终于1973年投入批量生产。

根据原定计划，图-144将在1973年交付民航使用。就在这时候，发生了一场航空史上的悲剧。1973年6月3日，一架参加巴黎国际航空展览的图-144正在进行飞行表演，在场的观众有35万人。据当时的报道，这架参展的图-144已经试飞过100多次，飞行时间约300个小时。在表演中，图-144曾三次穿场而过，在最后一次穿场飞行时，按计划应表演低空、低速飞行，飞行高度在100米左右。只见图-144放下起落架，垂下机头整流罩，并放下前置操纵面，像一只大鸟一般掠过机场，然后开始爬升。当飞机爬升到1 500米时，突然机头低下来，机腹左侧出现闪光。当飞机的俯冲角拉平到45°角时，左翼突然断裂。飞机翻了个身，随后整个飞机在空中肢解开来。飞机主体坠落在距离机场

> 在古老的俄罗斯民间故事中，鲁斯兰是有一位力大无比，所向披靡的英雄。俄罗斯人将安-124亲切地称为"鲁斯兰"。安-124是由苏联安东诺夫设计集团设计，用来替代1974年停产的安-22的重型运输机，性能优于目前美国最大的C-5运输机。1985年，安-124创下了载重171 219千克物资，飞行高度10 750米的纪录。安-124粗大的机身呈梨形截面，机头机尾都设有全尺寸货舱门，分别向上和向左右打开，货物能从贯穿货舱中自由出入。安-124机腹贴近地面，方便装卸工作，起落架为前三点式，采用24个机轮。货舱容积为1 013.76立方米，载重时可达150吨，起飞重量达405吨。货舱前后舱门采用液压装置开闭，分别可在7分钟和3分钟内打开。货舱顶部装有2个起重能力为10吨的吊车，地板上还另有两部牵引力为3吨的绞盘车。由于货舱空间很大，安-124能够运载普通飞机机身、化工塔等大型货物。

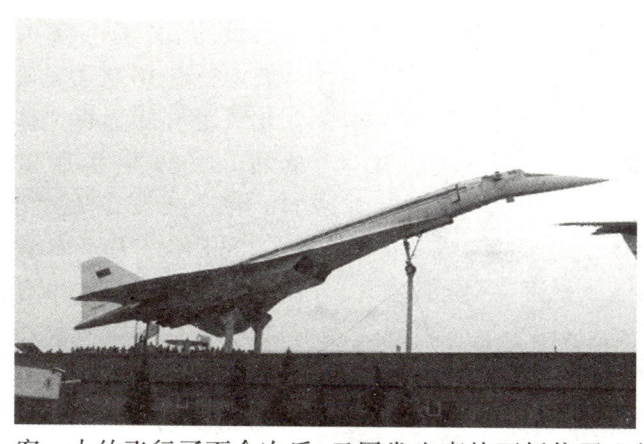

几千米外的村庄里,砸死了几个人,毁坏了 15 所农宅,6 名机上人员全部死亡。

这次重大事故大大地打击了苏联人对图-144 的信心,直到 1976 年 12 月,图-144 才开始在苏联国内航线上使用,主要用来进行货运和邮运。1977 年 11 月,图-144 在莫斯科到阿拉木图的航线上定期运载旅客。大约飞行了百余次后,又因发生事故而暂停了飞行。1979 年,苏联人又生产出了图-144 的改进型图-144D,采用新型涡轮风扇发动机。这种新型飞机在经济性、噪音等方面都有了很大改进,配备更省油的引擎,其续航能力更强,可以来往于莫斯科和哈巴罗夫斯克之间。1981 年,图-144D 投入客运,但只过了半年,苏联民航当局认为它收益不大,就没有继续使用这种飞机。在图-144D 脱离商用服务以前,一共完成了 102 次客运及货运的正式航班。此后,图-144D 仍然偶尔提供额外及非正式的航班,已知的最后一班图-144 的飞行时间是 1987 年,当时由克里米亚飞往基辅。

图波列夫设计局一共制造出 16 架图-144 客机,计有 1 架原型机、1 架产前图-144S 型机、9 架量产图-144S 型机以及 5 架图-144D 型机。目前世界上最后一架图-144 超音速客机掌握在俄罗斯一家金属回收公司手里,它的编号是 77115。这家公司声称,如果有人能拿出 1 000 万卢布买下它,就把它改成一个航空博物馆;如果凑不够这笔钱,只好把它当废铁处理了。

17. 最先进的宽体客机

宽体客机又称宽机身客机,指的是具有大直径机身客舱,有两个通道,载客量在 300 人以上的喷气客机。据统计,目前世界上有 11 种宽体客机,总产量达 2 000 多架。在这些宽体客机中,波音 747 是当之无愧的主角。

波音 777

蓬勃发展的民航业

波音-747

波音747是美国波音公司投资10亿美元研制出来的洲际远程宽体客机。1968年9月30日，第一架波音747出厂，1969年2月9日首次试飞，同年12月30日获得美国联邦航空局型号合格证，1970年1月22日首次投入纽约至伦敦航线飞行。波音747共有11种型号，其中1988年交付使用的波音747-400是这个系列中最先进的，可载客524人。1990年，美国政府决定把波音747-400改装为总统专机"空军1号"，以替代原来曾为8位总统服务过的波音707。波音在747之后还研制出了两种宽体客机，分别是波音767与波音777。波音公司推出的首架波音777-200LR(远程型)环球飞机可以搭载300名乘客，飞行距离为17 500千米，成为目前世界上航程最远的客机。

A300是欧洲空中客车公司在法国、英国、德国、荷兰和西班牙五国政府支持下联合研制的欧洲第一架宽体客机。它装有两台发动机，载客量为266~375人。截止到1999年6月，这种飞机共生产了485架，成为继波音747之后生产量居世界第二位的宽体客机。

苏联第一架宽体客机是伊尔-86，该机装有4台发动机，载客350人，巡航速度为每小时900千米，航程3 500千米。伊尔-86于1967年12月首飞，1980年12月运营，一共生产了104架。伊尔-96是在伊尔-86基础上研制出的四发远程宽体客机，外形与伊尔-86很相似，但采用了先进的结构材料以及现代化水平的工艺技术，使其使用寿命达60 000飞行小时或24 000个起落。伊尔-96可载客300人，巡航速度每小时850千米，航程增大为7 500千米。该机于1988年9月首飞成功，1992年底运营。伊尔-96后来成为俄罗斯总统专机。

伊尔-96

空难是指飞机等在飞行中发生故障、遭遇自然灾害或其他意外事故所造成的灾难。据民航业最权威的国际民航组织（ICAO）公布的资料，2001年，全世界共发生有人员死亡的空难事故33起，共死亡778人，这比前10年中安全情况最差的1996年死亡人数减少了一半多。按每百万次飞行发生有人员死亡的空难事故的次数计算，1991年是1.7次，1999年首次降到1次以下，2000年再次下降到0.85次。按这个概率计算，117.65万次飞行才会发生一次死亡性空难。换句话说，如果有人每天坐一次飞机，要3 223年才会遇上一次空难。还应该说明的是，死亡性空难并不是所有旅客全部死亡。尽管如此，人们对于空难还是心有余悸，因为一旦遭遇空难，乘客本身无能为力，只能等待命运的安排。有不少人害怕坐飞机，其心理原因恐怕就在这里。

飞机与空中交通工具的故事

空难及其他

查尔斯·劳斯

1. 第一位死于空难的英国人

熟悉汽车的人都知道劳斯莱斯这个品牌，它是世界汽车领域的顶级车。劳斯莱斯是由英国人亨利·莱斯和查尔斯·劳斯联手缔造的。查尔斯·劳斯出生于一个名门贵族的家庭里，在著名的伊顿公学和剑桥大学里接受了高等教育。然而，劳斯并不是人们想象中的那类纨绔子弟。1902年，刚出校门不久的劳斯就在伦敦开办了一家汽车销售店，轰轰烈烈地做起了汽车的生意。1904年5月4日，在他人的介绍下，27岁的劳斯与41岁的莱斯相识，二人一见如故，决定合作建立一个名字为劳斯·莱斯的汽车公司，生产劳斯莱斯牌汽车。劳斯与莱斯还进行了具体分工，莱斯全面负责汽车的制造业务，劳斯则负责公司资金的运作和汽车的销售。

劳斯忠于职守，劳斯莱斯汽车公司的业务开展得十分顺利，同时他酷爱带有冒险性、刺激性和高速运动的项目，经常参加热气球、飞行与高速汽车赛车活动。不幸的是，1910年的一天，年仅33岁的查尔斯·劳斯在驾驶"莱特飞行者"号飞机飞行时遇难，成为第一位死于空难的英国人。

世界上最早的民航班机事故出现在1920年12月14日。当时，一架英国汉德雷·佩吉大陆航空公司的飞机从克利克尔马德机场起飞，准备飞往巴黎。由于当时雾实在是太大了，飞机起飞后不久就不得不迫降。在迫降过程中，飞机撞到了一片新建的居民住宅，当即燃起了大火。机上有10名乘客和2名机组人员，除了4名乘客在飞机落地后从飞机中跑了出来，两人无伤，两人轻伤外，其余的人全部遇难。

老式飞机

2.炮火击落民航客机

1938年8月24日,中国航空公司的一架DC-2飞机在从香港飞往重庆途中,被日本军用飞机击落,机上14人

DC-2 运输机

全部罹难,此举开了世界航空史上民航飞机遭遇敌方攻击的恶劣先例。

45年后的1983年8月31日凌晨,迄今为止世界航空史上民航飞机遭遇敌方攻击的最大惨案发生了。当时,苏联远东地区库页岛上的防空雷达显示屏上,一架身份不明的大型飞机闯进了苏联防空识别区的上空。两架苏-15战斗机奉命紧急起飞拦截。5分钟后,飞行员向基地报告情况。基地司令官发出了"击毁入侵飞机"的命令。结果,这架编号为007号的大韩航空公司波音747客机在萨哈林岛上空被击落,机上的269人全部罹难。

3.加那利空难

1977年3月27日傍晚,大雾笼罩着加那利群岛上的洛斯洛德斯机场。加那利群岛位于北非西部国家摩洛哥外海250海里左右的大西洋上,是西班牙的海外属地。长期以来,这个位于热带的群岛一直是欧洲人南下避寒的度假胜地。除此之外,这个群岛也是美洲游客进入地中海地区的重要门户,因此每年搭乘飞机前往加那利群岛的旅客数量大得惊人。

在拉斯帕尔马斯机场降落的国际航班

当天下午,拉斯帕尔马斯国际机场大厅里的花店发生爆炸。爆炸案发生后,一个加那利群岛自决独立运动组织的发言人从阿尔及利亚致电西班牙航空主管单位,声称他们就是爆炸事件的主谋,而且机场里还有另外一颗炸弹。在这种情况下,当地航管当局不得不决定先关闭

空难及其他

机场,将所有原定要降落在拉斯帕尔马斯的国际班机,全部转降到特内里费岛北端的洛斯洛德斯机场。

就在这时候,荷兰皇家航空公司的KL4805号班机降落在洛斯洛德斯机场,和许多早已被转降在这里的飞机一样,挤在机场主停机坪与主滑行道之间的暂时停机区内,等待拉斯帕尔马斯机场重新开场。美国泛美航空的PA1736班机也在这时候降落在洛斯洛德斯机场上。PA1736是一个包机航班,机上载着很多要到加那利岛搭乘豪华邮轮"黄金奥德赛"号畅游地中海的乘客。PA1736航班的机长维克多·格鲁布拥有21 000个小时的飞行经验,他要求地面航管让他们留在天上盘旋,等待拉斯帕尔马斯机场重新开场,但没有得到同意,只得降落到地面上,挤到飞机场上塞得满满的大小飞机之中。

当地时间下午4时左右,洛斯洛德斯机场的塔台收到信息,拉斯帕尔马斯国际机场即将重新开场。与此同时,洛斯洛德斯机场渐渐被大雾笼罩住了,能见度逐渐变差。由于PA1736班机上的乘客没有下机,而是在原地等待,所以当目的地机场重开时,这架飞机理应拥有先起飞离场的优先顺位。但是,就在格鲁布驾机滑行到一半,想要进入通往12号跑道的滑行道时,迎面被体积巨大的KL4805挡住了去路,只得等待KL4805上的旅客重新办完登机手续,离开等候区后,再尾随升空。

将近下午5时,KL4805呼叫塔台请求滑行,塔台照准,塔台方面同时也准许

PA1736离开等候区,跟随KL4805在主跑道上滑行,并且指示他们在C3滑行道转弯处离开主跑道。洛斯洛德斯机场比较小,要转入C3滑行道必须兜一个接近180度的大弯,这对小飞机很容易,但对于PA1736和KL4805这样的波音747来说,几乎是不可能的。30号跑道尽头的旁边铺有水泥地,波音747只能利用这块地面进行转弯。KL4805快要滑行到30号跑道起点附近的等待区时,曾和塔台联络过,塔台给予的指令是:"请在跑道末端180度回转。"KL4805抵达30号跑道的起跑点后,副机长又通过无线电呼叫塔台,征求起飞许可。KL4805副机长说的英

文带有浓厚的荷兰口音,交通管制中心的工作人员没有听清楚他到底说的是"我们在起飞点",还是"我们正在起飞",就回答说:"好的,待命起飞,我们会通知你。"不料想,KL4805 的机组人员只听到了这个指令的前半句,没有听到后半句,以为塔台方面已经授权起飞,就开始加速滑行。

再说 PA1736 航班的机长维克多·格鲁布,他向塔台报告说"我们还在跑道上滑行"后,很快就接近了 C4 滑行道口。就在这时候,副机长突然发现跑道远处有一架客机的降落灯在闪烁,这说明对方正处在起飞滑行状态,急忙大声呼叫机长将飞机驶离主跑道。维克多·格鲁布立刻全速推进,让飞机冲进跑道旁的草皮上,但毕竟为时已晚。就在 PA1736 的机头刚刚上仰时,机身底部猛烈地撞到那架荷兰航空公司的飞机上。一场可怕的空难事件以迅雷不及掩耳之势发生了。

这起空难造成 583 名旅客和机组人员丧生,成为世界民航史上最大的空难。

4.韩国客机坠落成谜

1997 年 8 月 6 日,韩国大韩航空公司的一架波音 747-300 宽体客机从汉城飞往关岛。飞机上共载有 231 名乘客和 23 名机组人员。当地时间 8 月 6 日凌晨 1 时 40 分,当飞机到达关岛国际机场准备降落时,突然从雷达屏幕上消失,并与地面指挥塔台失去了联系。据目击者说,这架飞机带着火团坠入机场附近的密林中,并听到了爆炸声。当时天降暴雨,但是就连倾盆大雨也无法浇灭飞机残骸燃起的熊熊烈火,大部分乘客都是因为被困在机舱里无法脱身而被活活烧死的。

经过 17 个小时的紧张营救,美国救援人员从坠毁的韩国客机残骸中和出事地点找到了大约 70 具遇难者的尸体。据大韩航空公司说,机上 254 人中有 29 人生还,其中 4 名为乘务人员。美国国家运输安全局派出专门调查小组前往现场调查事故原因,失事客机上的两个"黑匣子"全都找到了,并被送往华盛顿进行分析。

韩国和美国有关方面的负责人对这次飞机失事的原因各执一词。韩方强调说,关岛机场的导航装置当时处于故障状态,机场指挥塔的值班人员也不是美国联邦航空局的职员,再加上

关岛机场

空难及其他 135

当时天气异常，最终导致飞机失事。这个说法并不是强词夺理，在这次飞机失事前，关岛机场引导飞机着陆的导航系统的确停止使用很长一段时间了。而美方认为，导航装置的故障不应该影响到飞机的正常降落，并质问韩方为何

2007年8月12日上午，搭载74名乘客的韩国济州航空公司的7C-502号航班在金海机场着陆后，在地面上移动的过程中向左倾斜并脱离跑道，导致10多名乘客受伤。

使用已经飞行了13年的波音747来替换在这条航线上正常飞行的空中客车班机。波音飞机立刻做出回应，声称它的产品只有百万分之一点七八的事故率。

参与调查的美国联邦调查人员发现，当这架韩国大型客机坠毁时，关岛国际机场的雷达系统的电脑软件正出现故障，未能在飞机接近地面时及时发出警报。在一般情况下，当飞机接近地面时，机场雷达系统就会发出警报，地面指挥人员会及时提醒飞行员。但由于软件出了问题，雷达未能发现韩国飞机已经接近地面，因此地面指挥塔就未能对飞行员及时发出警告。

美国国家运输安全委员会的官员对这个结论并不认可，他们说，这种雷达系统出现的问题，只能说缺少了一个方面的预防措施，不可能是导致飞机坠毁的主要原因，这次飞机坠毁有可能是诸多因素造成的。

空难事故发生以后，飞机往往会解体，甚至被烈火烧毁，唯有一样可以给调查人员提供证据、帮助了解事故真相的东西，就是被誉为空难"见证人"的"黑匣子"。

5."黑匣子"的作用

"黑匣子"安装在飞机尾部最安全的部位，也就是失事时最不易损坏的部位。飞机坠毁时，按设计要求，它能够在1 100℃的火焰中经受30分钟的烧烤；在0.005秒内承受每秒10 000米的加速

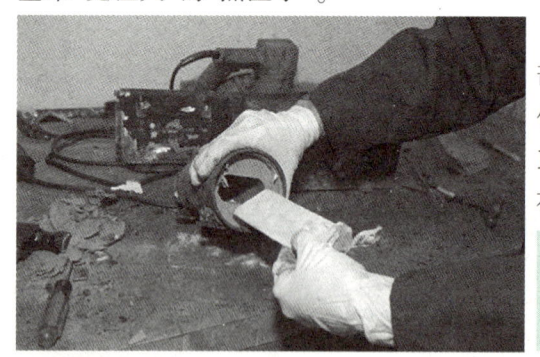

一名技术人员正在美国首都华盛顿的国家运输安全委员会研究巴西失事飞机的"黑匣子"。

度;承受得住2吨重的物体挤压5分钟;经得起重225千克重的钢棒从3米高处落下时的冲击力,其接触点面积不大于0.32平方厘米;能够在任何液体,诸如汽油、机油、酒精、电池酸液、海水中浸泡几个月。"黑匣子"之所以神秘,就是因为它能在上述恶劣条件下安全无恙。只要能找到它,它就可以向你提供飞行事故的某些真实原因。

"黑匣子"不仅可以提供飞行数据,还可以帮助人们发现许多隐患,以防止可能发生的事故。当飞行员对飞机性能的某些方面有怀疑时,可以要求打开"黑匣子"做检查。可以这样说,"黑匣子"不仅可以充当空难的"见证人",还可以成为潜在事故的"提醒者"。

"黑匣子"里面装有两种记录仪器,一种是飞行数据记录仪(FDR),另一种是座舱语言记录仪(CVR)。飞行中情况千变万化,影响飞行安全的因素错综复杂,事故经常发生在短暂的瞬间,有时飞行员和全部乘员同时遇难,更会给事故检查带来很大困难。要想了解飞机是怎样掉下来的,就要了解在失事瞬间和失事前的一段时间里飞机的飞行状况、机上设备的工作情况等,这就需要一种设备来

知识链接
"黑匣子"的来历

1908年,美国发生了第一起军用飞机事故。此后,随着飞行事故的增加,迫切需要一种研究事故发生原因的仪器。第二次世界大战期间,飞行记录仪正式在军用飞机上使用。战后,它开始被用到民航飞机上。由于当时的科技水平有限,早期的记录方式比较落后,用的是机械记录的方法,记录在照相纸上。这种方法并不可靠,当磁记录方式发明后,其可靠性才有所改变。为了保证这种设备在飞机出事故后不被破坏,人们特地用合金材料为它制作了一个非常坚固的匣子。这种匣子耐高温、高压,防腐蚀。其实,这种合金制作的"黑匣子"并非黑色。不过,"黑匣子"并不是根据它本身的颜色来命名的,由于人们视它为空难的不祥之物,所以定名为"黑匣子"。它一般都被涂成明黄、橘红等鲜艳夺目的色彩,以便事后寻找。为了回收方便,"黑匣子"上还安装了降落伞,当飞机达到某一极限时,它可以自动弹出,安全降落。为了确保安全,它通常安装在远离飞机中心的尾翼翼根的地方。

空难及其他

记录这些情况。飞行数据记录仪就是在这种背景下于20世纪50年代后期研制成功的。

飞行数据记录仪的记录能力为25个小时。根据不同型别飞机的需要,可记录16~32个参数,诸如飞机的高度、速度、航向、加速度、爬升率、下降率、油量消耗、起落架收放、格林尼治时间等等,都可以记录下来。这些信息虽然不能同时记录,但只要编排好时间顺序,就可以将各项参数不断地记录在一条特制的聚酯薄膜磁带上,磁带速度为每秒0.94厘米,信息密度为每厘米817比特(比特为信息单位)。

座舱语言记录仪比飞行数据记录仪要简单得多,它就是一个无线电通话记录器,可以记录飞机上的各种通话。记录时间为30分钟,当记录新的通话时,就将旧的(30分钟以前的)录音自动抹去。这个仪器有四条音轨,第一条记录飞行员与地面指挥机构的对话,第二条记录正、副驾驶间的对话,第三条记录机长和空中小姐对乘客的讲话,第四条通过驾驶舱内的监听器记录乘客舱内的各种声音(如乘客间的谈话、爆炸声、威胁、发动机异常等)。在事故检查中,它能帮助人们根据机上人员的各种对话(例如机组人员与劫机者、飞行员与地面之间的对话等)分析事故原因,以便对事故做出正确的结论。

6.利纳泰机场上的失事

2001年10月8日清晨,北欧航空公司一架载有104名乘客的麦道80号班机正在意大利米兰利纳泰机场的预定跑道上滑行,准备起飞升空,当时的时速达到每小时300千米。

米兰市位于意大利北部,是意大利的经济、金融中心,它有两个较大的空港,利纳泰机场就是其中之一。这里的秋冬季是雨季,经常受到大雾的困扰。当天早上,利纳泰

利纳泰机场

轻型塞斯纳飞机

机场上也是弥漫着一层薄雾,但是不影响飞机的正常起降。

就在麦道80号班机的速度越来越快时,驾驶员突然发现跑道前面有一架小飞机横向穿出。这是一架从法兰克福飞来的轻型塞斯纳飞机,属于私人商用性质,机上除了两名驾驶员外,还有两名意大利乘客,其中之一是意大利斯塔尔食品加工集团董事长福萨蒂。为了避免两架飞机相撞,北欧航空公司班机的驾驶员立即采取紧急措施,转舵相让,可是由于距离太近,两机还是未能避免碰撞。麦道80号班机与那架小飞机相撞后,冲出跑道,直接撞向机场的行李分理中心大楼。由于麦道80号班机起飞前刚刚加满油,因此与大楼相撞后立即燃起熊熊烈火,机上人员无一生还。消防队员用了两个多小时,才将大火扑灭。据事后调查,在这次事故中遇难的共有118人,其中麦道80号班机上110人,私人小飞机上4人,机场行李分理中心4人,118人中意大利人有54人。这次事故成为30年来意大利发生的最严重的一次航空事故。

灾难发生后,意大利有关方面成立了三个调查小组,对这起事故展开调查。当时,美英两个国家正在对阿富汗的恐怖分子进行军事打击,意大利警察部队也进入了一级戒备状态,机场、码头、火车站都成了重点保护对象,人们担心这起事故是恐怖分子的报复行动。但调查表明,它与恐怖活动没有任何关系,很可能是一次人为失误酿成的恶果。多年以来,利纳泰机场一直没有一个完整的地面雷达系统,全靠塔台控制中心与飞机驾驶员的对话来确定飞机的方位,只有在飞机升空50米以后,塔台的控制中心才能通过空中雷达对飞机进行监控。当时,很有可能指挥塔在对两架飞机的方位并不清楚的情况下,给飞行员下达了起飞命令,结果造成了这一悲剧。

还有一种说法认为,这起事故的责任在那架小飞机的驾驶员,他没有按照塔台控制人员的口令停在跑道的支线上,等待起飞命令,而是直接闯入起降跑道,结果挡住了正在起飞的麦道80号班机的去路。

空难及其他

2007年7月17日，隶属于巴西塔姆航空公司的一架载有170多名乘客的空中客车A320型客机，在巴西圣保罗孔戈尼亚斯机场着陆时坠毁。这起空难事故至少造成200人丧生，其中包括地上人员，成为巴西历史上最大的一起空难。

7. 孔戈尼亚斯机场空难的背后

这架失事的A320飞机是从巴西南部的阿雷格里港飞往圣保罗的。客机失事时，圣保罗正在下大雨，天空中云层很厚。有目击者称，客机出事时，机场跑道十分湿滑，飞机着陆时未能及时制动，先是冲出跑道，横穿过一条繁华的马路，而后又撞上塔姆航空公司的一个仓库后，一头扎进了路边壳牌石油公司的一个加油站。在这一连串的惊险动作之后，客机燃起熊熊大火，并发出多声巨响。

这起事故的调查结果迟迟没有公布，但人们普遍把失事原因归咎于孔戈尼亚斯机场跑道存在着严重的安全隐患。作为巴西最重要的国内机场，孔戈尼亚斯机场位于圣保罗人口密集的市中心南区，这里地方局促，跑道偏短。有人这样描述说："当我们飞到孔戈尼亚斯机场上空时，你的感觉简直就是在居民区和卧室中间飞，然后是降落在跑道上，接着感觉是被包围在重重的楼群中。"在此之前，已经发生过多起飞机偏离跑道的事故。1996年，塔姆航空公司的一架客机在孔戈尼亚斯机场降落时滑出跑道，造成机上96人全部遇难，地面上还有8人丧生。

2007年2月，巴西一家联邦法院出于安全考虑，裁定孔戈尼亚斯机场不得起降大型客机。但由于经济利益作祟，包括政府部门在内的各方群起发难，这一裁定最终被上诉法院取消，只是下令孔戈尼亚

斯机场对主跑道进行整修。考虑到繁忙的空中交通的需要,主跑道在整修工作还没有全部完工时就重新投入使用。结果半个多月后,就发生了7月17日那场灾难。

巴西幅员辽阔,公路交通很不发达,飞机成了各大城市之间的重要交通运输工具。在过去的30年里,巴西的航空业一直蓬勃发展,巴西的航空工业公司也在激烈的

国际竞争中脱颖而出,成为世界第三大民用飞机制造商。但是近年来,由于对基础设施建设投资过少、设备老化以及从业人员收入差距悬殊等原因,巴西航空业面临的问题日益严重。2006年,作为"巴西人的旗帜和骄傲"的大河航空公司因经营不善而破产,预示着巴西航空业开始步入举步维艰的时期。2007年3月,巴西空中交通联合管理中心的200多名空管人员举行罢工,抗议工资待遇过低和工作压力过大,导致巴西境内大部分机场瘫痪,飞机无法正常起飞,数万名旅客滞留在机场。最后由政府出面协调,才平息了这场风波。

由于巴西的航空业存在着一些深刻的危机,这就给巴西的空中交通安全埋下了隐患。2006年9月29日,巴西戈尔航空公司的一架波音737客机在亚马孙原始森林上空,与美国的一架小型飞机相撞后坠毁,机上154人全部遇难。尽管巴西的地面空管人员把这起空难的责任推到美国驾驶员的头上,但他们的过失是推卸不掉的。

目前,巴西政府已经意识到本国航空业存在的安全问题,开始逐一着手解决,并决定斥资20亿美元改善空管系统,争取在2011年前建成一个独立的民用空中交通控制中心。作为一个新兴的发展中大国,巴西政府有足够的财力和人力来治理航空业所存在的安全问题,但要想彻底根除累年积弊,尚需一定时日。

8. 空难频发的尼日利亚

2002年5月4日,尼日利亚航空公司一架国内航班在接近北部城市卡诺机场时,在一个人口稠密地区坠毁。飞机在坠落过程中跌跌撞撞地掠过三个街区,撞倒两座清真寺的宣礼塔,掀开10幢民房的房顶,最后撞击地面发生爆炸,并引发地面大火。这起事故造成了148人死亡,其中包括尼日利亚体育部长伊沙亚·阿库。

事后调查结果表明,造成这起飞机失事的根本原因是飞机超龄服役。尼日利亚从

20世纪80年代中期开始解除对民航的政府监管,此后,除了国营尼日利亚航空公司以外,全国总共成立了10多家私营航空公司。但这些新成立的航空公司规模都很小,资金又少,所购买的几乎全都是国外淘汰的旧飞机。2002年4月,尼日利亚政府出台了一项规定,限制机龄超过22年以上的飞机投入运营。然而,这一规定遭到了所有私营航空公司的强烈反对。谁料想,仅仅过了一个月,就发生了这起惨剧。

2006年10月29日,尼日利亚又发生了一起空难,"肇事者"还是一家私营航空公司。当天上午,尼日利亚航空发展公司(ADC)所属的一架波音737客机从经济首都拉各斯的阿布贾机场起飞,机上载有大约110名乘客和机组人员,前往西北部城市索科托。这架飞机起飞后不久就坠毁了,造成100多人丧生,只有5人生还。据调查,气象条件恶劣是这起空难的主要原因。

ADC航空公司在尼日利亚国内航线上还算受欢迎,但是它的"业绩"却难以让人恭维。1996年11月7日,它所属的一架波音727客机在拉各斯机场降落时因失去控制坠毁,机上143人丧生。

尼日利亚是一个空难频发的国家,自从进入21世纪以来,空难就像一个可怕的阴影,笼罩在这个国家的上空。2000年1月5日,尼日利亚空中力量航空公司的一架飞机在拉各斯起飞后不久坠毁,机上两人遇难。这是新千年尼日利亚发生的第一场空难,也是一个不祥的兆头。2001年6月16日,帕泰那维亚航空公司的P69C航班在拉各斯的伊科罗杜镇坠毁,机长和尼日利亚航空服务网络首席执行官奥卢索拉同时遇难。这架飞机的失事原因是超期服役。2002年1月31日,尼日利亚一家私人航空公司的客机在卡诺着陆时失事,149名乘客与机组人员全部遇难。2002年5月21日晚,尼日利亚一家私营航空公司的一架包机在东南部的阿夸伊波坠毁,机上5名机组人员无一人生还。2003年1月31日,尼日利亚一

架载有25名至30名乘客的客机一头扎进了拉各斯附近的大西洋里,机上人员全部遇难。2004年7月26日,泛非洲航空公司的一架直升机在尼日利亚东南部阿克瓦伊本州坠入大西洋,导致4人丧生。2005年10月23日,尼日利亚一架载有117人的波音737客机从拉各斯起飞后不久,就从监视雷达上失踪了。事后查明,这架客机已经坠毁,机上的117名乘客和机组人员全部遇难,乘客中包括数名政府高官。2005年12月11日,尼日利亚一架麦道DC-9客机在距地面40米到50米处被闪电击中,飞机燃料被点燃引发爆炸,造成107人死亡,其中包括来自首都阿布贾的71名学生。

9.特技表演失手

2002年7月27日,为纪念空军第14军成立60周年,乌克兰军方在西部城市利沃夫市斯克尼洛夫机场举行特技飞行表演。

正当观众为飞机的精彩表演而欢呼喝彩的时候,意想不到的悲剧发生了。一架进行低空飞行表演滚翻动作的苏-7战斗机突然失控,坠入正在观看表演的人群中,顿时发生剧烈的爆炸,一团巨大的火球包围了机场。驾驶飞机的两名飞行员在飞机坠毁之前,弹射出机舱得以生还,而坠毁的飞机却造成现场观众83人死亡,151人受伤,酿成了人类历史上最为惨重的一次飞行表演空难事故。

根据事故调查委员会做出的结论,这起坠机事故的主要原因是发动机在飞行中突发故障,飞行员也没有按原计划进行飞行。另外,飞行表演的军方组织者及利沃夫市当局也负有一定责任,他们有大量违规行为。

据不完全统计,近20年来,世界上各类飞行表演中发生了24起事故,造成249人死亡,400多人受伤,25架飞机坠毁。1982年,美国空军"雷鸟"表演队4架T-38A型飞机,在内华达州的一次飞行表演中全部撞地。1988年8月28日,在德国拉姆施泰因的一次飞行表演中,意大利空军"三色箭"飞行表演队的3架飞机在空中相撞,其中一架冲向地面人群,造成70人死亡,上百人受伤。1997年7月26日,在比利时的一次飞行表演中,一架轻型飞机坠毁在一个红十字会帐篷附近,造成9人死亡,57人受伤。

飞行表演使用的向来是最好的飞机,驾驶员拥有最高的技术,尽管如此,飞行表

空难及其他 143

演事故仍然频频发生。这是为什么呢?

有关专家分析认为,在世界上发生的飞行表演事故中,有30%左右是因为机械失灵造成的。在飞行表演中,为了满足观众的口味,"老爷机"占了相当大的比重。飞行表演对于飞机的强度和精度要求都非常高,但这些"老爷机"因为年久失修,身上遍布隐患,出事故就在所难免了。

1998年8月9日,一架单座木制飞机在英国诺福克一个机场的航空展上从空中坠落。2001年7月5日,第二次世界大战时期一架双座位的训练机,在英国航空展上失事。2002年7月22日,一架"虎蛾"双翼飞机在英国伯克郡的慈善航空展上坠地。2001年6月2日,一架1956年出厂的飞机在英国肯特郡比坚航空展上失控坠毁。

飞行表演还是一个展示新研制飞机的舞台,但由于设计、制造上的缺陷,或是性能尚不稳定,新研制的飞机可靠性比较差,这就使得飞行表演事故时有发生。1988年6月26日,一架新研制的空中客车A320在法国与瑞士边境举行的航空展上做低飞示范,突然坠落,造成3人死亡,133人受伤。1973年6月3日,一架苏联研制的图-144超音速客机,在巴黎航展上空中爆炸,造成6名机组人员丧生,9名地面人员死亡。

据统计,大部分飞行表演事故是由于飞行员驾驶不当造成的。1999年6月12日下午3时左右,在法国巴黎的航展上,一架编号为01的苏-30飞机起飞升空,接连做出了几个高难度动作。只见它从大坡度盘旋转入小坡度下降,以接近垂直的角度连续向下做出蛇形翻滚的特技,以往只有小型运动飞机才能完成这样的动作,对于重型喷气式战斗轰炸机来讲还是首次。在场的观众立刻报以热烈的掌声。

按规定,飞行表演的最低高度不应低于400米。也许是因为那位苏联驾驶员艺高人胆大,当飞机转到第二圈的时候,飞机高度已经很低了,他又让飞机转了第三圈,还想做一次滚转动作。这时,飞机已经几乎接近地面,但凭借矢量推力的协助,飞机还是成功地在极低的高度退出下滑,抬起机头,呈大角度上仰姿态,准备爬升。无奈高度太低,飞机的尾部已经接触到地面,尾锥与地面摩擦冒出火花,左侧的矢量喷管喷

火,左侧机身也相应着火。然而,飞机在尾部擦过地面30米左右的情况下,又重新上升,两名飞行员弹射出座舱,10多秒钟后安全开伞着陆,而这架价值4 000万美元的苏-30飞机却化为一堆废铁。

很显然,在这次事故中,飞行员犯了极其严重的操纵错误。在乌克兰发生的飞行表演事故中,乌克兰飞行员又犯了同样的错误,做特技动作时的最低高度严重违反规定,发生飞行事故就不奇怪了。

10.空难中的幸运儿

1999年10月31日,埃及航空公司的990号航班从纽约肯尼迪国际机场起飞,准备飞往埃及首都开罗。执行此次航班的客机是波音767-330型客机,机上共有199名乘客和15名机组人员。飞机起飞后不久,便坠落在美国马萨诸塞州楠塔基特岛以东约100千米的大西洋上,机上214人全部丧生。在全部199名乘客中,有129名美国人,62名埃及人,2名苏丹人,3名叙利亚人和1名智利人,另外2名乘客身份不详。

空难发生后,事故的起因就成了世人瞩目的焦点。埃及民航董事长穆罕默德-法希姆-拉杨当天下午举行记者招待会,介绍说这架波音767飞机是1989年9月25日购买的,至今服役仅10年,飞行了33 654个小时,起落7 556次,完全称得上是一架新飞机。

事故发生后,美国海军打捞舰立即出动,用两台大型机器人从海底打捞出了失事飞机的两个"黑匣子"。"黑匣子"记录的数据显示,990号航班在坠毁前曾突然骤降,使得乘客一度失重。它在坠落前还曾一度爬高,后来两个发动机突然停止运转,飞机便一头栽进大西洋里。

根据对"黑匣子"的分析,埃及方面认为,飞机坠毁的原因大致有三种可能性:一是飞机存在技术故障;二是机内有爆炸物;三是飞机被导弹击落。埃方认为,飞机的技术故障最有可能是飞机坠毁的原因。《金字塔报》还发表消息说,美国航空机构已经承认波音767飞机的升降控制系统可能存在着严重的技术问题,这有可能是造成埃航飞机坠毁的原因。

但美方却对此持不同意见。他们认为,这架飞机的副驾驶员有自杀企图,由此造成了这起空难。有

开罗国际机场

空难及其他

2007年10月11日晚上,埃及一架客机在土耳其一个机场紧急迫降后突然起火,大火很快被扑灭,乘客全部被安全转移。

关专家在分析了"黑匣子"记录的数据后,怀疑事故发生时有人关掉了驾驶室内操纵两个引擎的开关掣,因而推测有人企图自杀。两年前,新加坡航空的子公司胜安航空公司的一架波音737客机在由新加坡飞往印尼首都雅加达的途中坠毁,机上104人全部丧生。事后调查人员发现,飞机上的技师朱卫民"有个人问题",很显然是他蓄意令飞机坠毁。从这个例子推断,埃及航空公司的990号航班也有可能由于人为的原因而坠毁。据美国国家运输安全委员会的官员解释,990号班机上的两个引擎都是在自动操作系统关闭约20秒后突然被关闭的,使得飞机随即俯冲进了大西洋中。

在这次事故中出现了一位幸运儿,他就是埃及航空公司的心理辅导员麦洛林。这次航班先由洛杉矶飞到纽约,再在纽约起飞前往埃及。当飞机在纽约停留时,只有一名乘客下机,他就是麦洛林。调查人员一度对他产生了疑心,但经过仔细调查后,排除了他与这宗空难有关的可能性。

还有一名埃及旅客阿巴扎也是个幸运儿。事故发生前的五个星期,他前往纽约探望外孙,原定乘坐990号航班返回埃及,但女儿坚持要他多住一个星期,于是他便退了机票。他当时根本不会想到,正是这个临时决定使他躲过一劫。

11. 红海空难

沙姆沙伊赫是埃及著名的旅游度假胜地,它位于西奈半岛的南端,濒临红海亚喀巴湾。这里没有任何文物古迹,完全以温暖的阳光、细软的沙滩和清澈的海水吸引了大批外国游客,还接待过多位外国国家元首,并承办过一些重要的国际会议。埃及总统穆巴拉克在这里拥有一座消夏别墅,美国总统布什曾到此地参加过旨在解决中东问题的高峰会议。1995年,另一位美国总统克林顿的专机"空军一号"曾在这里降落过。就在"红海空难"发生的当天,英国首相布莱尔还在这里度假,与穆巴拉克总统举行会晤。

2004年1月3日,刚刚欢度完新年的100多名法国乘客乘坐埃及私人包机公司

"闪光"航空公司的一架波音737客机,从沙姆沙伊赫起飞,准备到开罗短暂停留并加油后,再飞往巴黎戴高乐机场。起飞几分钟后,机场雷达系统观测到这架客机升至5 000英尺高空时,出现了不明原因的左右异常摆动,向右偏离既定航线并下降到4 000英尺的高空,之后便同雷达观测系统失去联系,机场监测人员也没有收到任何求救等紧急信号。很快就传来一个不幸的消息,这架飞机在红海海域上空坠毁了,失事的客机上共有145名乘客、7名机组人员,其中法国乘客共136名。据目击者称,这架客机从高空坠入海中,整个过程仅历时17秒钟。

空难发生后,埃及方面立即组织有关部门开展紧张的搜救。埃及空军和海军出动了15架直升机和近30艘潜艇、救生艇等各种船只寻找遇难者遗体和客机残骸,沙姆沙伊赫的居民也纷纷组成救援队,协助军方工作,当天就打捞出13具罹难者的尸体、部分飞机残骸和行李。因为客机失事海域地形复杂,最深处达1 000米,还有一股巨大的洋流穿过,这给海上搜救工作带来了极大困难,救援工作进展得很缓慢。

"红海空难"的消息传到法国后,立刻在法国上下引起强烈反响。希拉克总统立即致电埃及总统穆巴拉克,并派遣外交国务秘书米瑟利耶率领多名警官前往埃及,帮助辨认遇难者的身份。此外,法国交通事故调查机构还派出6名专家前往埃及,协助埃方对事故原因展开调查。法国还派出一架飞机、一艘潜艇以及一个深海打捞机器人,协助埃及方面进行援救搜索工作。为帮助心急如焚的遇难者家属了解事件的进展情况并向他们提供帮助,法国外交部和交通部分别设立了一个绿色电话号码。尽管做了这么多努力,还是没有发现一名生还者。于是,这起坠机事故便被认定为埃及近年来在国内领空发生的最大一次空难。

据埃及民航部长沙菲克介绍,遇难的飞机在起飞前接受了正规而严格的机械安全维护。这架波音737只有10年的历史,这种机型深受各大航空公司的欢迎,全球有上百家航空公司购买了这种飞机。根据埃及民航部门派出的专家推断,这架客机坠海之前并未发生爆炸,可以认定这起空难是技术故障所致,与恐怖活动绝对没有任何关系。但是很多人还是在心头画上了一个问号:正值美国和欧洲各国纷纷提高反恐警戒级别之际,难道这起空难真的与恐怖分子毫无瓜葛吗?"红海空难"发生后的第一个圣诞节期间,法航突然得到恐怖袭击警报,立刻取消了6个从巴黎到洛杉矶的航班,英航随后也因同样的原因取消了至少4个航班。

埃及"闪光"航空公司的一架波音737客机。

12. 轰炸机撞上帝国大厦

美国纽约的帝国大厦如同自由女神像一样，都是美国的标志，帝国大厦一度还作为纽约的标志出现过。帝国大厦于1931年1月1日落成，一共有85层，楼顶还有一个相当于17层楼高的圆塔，总高度达到380米。在建成后的40年中，帝国大厦一直戴着世界第一高楼的桂冠。

纽约附近有三个流量很大的现代化航空港，分别位于新泽西城、昆士和长岛，其中长岛上的肯尼迪国际机场远近驰名，它是世界上客货流量最大的航空港之一。由于来往飞机众多，而且在飞过纽约上空时，它们总是处于起飞或降落的低飞阶段，所以犹如一柱擎天的帝国大厦就显得有些碍事。

不幸的事情终于在1945年7月28日发生了。这一天纽约上空浓雾弥漫，能见度很低。一架美国空军的B-25型轰炸机从马萨诸塞州的贝德福机场起飞后，直飞纽约。驾驶这架轰炸机的两名飞行员之一是有着1 000多个小时飞行经验的史密斯中校，机上还搭载了一名叫阿尔贝特的军人。这架飞机原定在纽约的瓜尔迪亚机场降落，当飞到纽约上空时，由于雾太大，地面指挥所命令飞机改道纽瓦克机场。飞行员接到命令后，立即改变航向，准备绕过纽约市。就在这时候，危险悄悄地降临了。突然，一座耸立云天的建筑物拦住了飞机的去路，飞行员急忙采取行动，但一切措施都太晚了，这架B-25一头撞到了帝国大厦上。

伴随着一声震天动地的巨响，B-25在帝国大厦第79层的外墙上撞开一个大洞，一团火光从碰撞处腾空而起，把整个大厦照得一片通明，紧接着整个帝国大厦的上部都被滚滚浓烟包围了起来。消防队员立即赶到，迅速扑灭了大火。事后查明，这次撞击使得帝国大厦第79层遭到严重破坏，79层下面的6层建筑也受到不同程度的损坏。值得庆幸的是，连同飞机上的3个人，这次事故只造成14个人丧命。7月28日是个星期日，事故又发生在早上，

B-25 轰炸机

飞机与空中交通工具的故事

平时帝国大厦里通常有5万多人,而事发当天整个大厦中只有大约1 500人。如果没有这个巧合,说不定会有多少人无辜丧命。

这次事故发生前,就有人提出建议,在帝国大厦顶端安装一个灯光信标,以避免撞击事故的发生,但当时未能引起足够的重视。事故发生后,人们这才认识到,城市中的高层建筑物顶上必须安装灯光信标,以避免飞机与之相撞。目前,各个国家对于这一点都有相应的规定,现代的高层建筑物上都安装有灯光信标,在夜晚或能见度低的情况下十分醒目。从这以后,就再也没有发生过类似的事故了。

13.原因不明的空难

1996年7月17日,美国环球航空公司的TWA800航班从纽约肯尼迪国际机场起飞,当时一切正常。20分钟后,地面航管中心的雷达突然失去了这架波音747飞机的信号,随后便是飞机爆炸后发出的杂乱信号,持续了将近15分钟。很快真相就查明了,这架已有25年的老龄飞机在纽约外海上空发生爆炸,机上230人全部遇难。

事故发生后,美国立即成立了专门调查组,负责事故原因的调查。然而,从找到的"黑匣子"中,调查人员却无法弄清飞机发生空中爆炸的确切原因,只能列举出两种可能性:一是恐怖分子的炸弹爆炸,二是飞机本身的机械事故,同时也不排除外部损坏的可能。

2004年8月24日,俄罗斯一架图-134客机在空中坠毁。俄罗斯紧急情况部负责图拉州事务的一名官员声称,从这架飞机落地后的情况看,机身基本保持完整,断裂的机尾落在距机身400米处,由此可以断定,它在空中没有发生爆炸。这架飞机坠地后也没有着火,很可能是发动机的电路在空中就已经被切断了。但是也有人认为这次坠机事件是恐怖主义分子所为。据说,这架飞机的飞行员在出事前曾按动过被劫持的按钮。从飞机残骸大范围散落的现场看,飞机很可能在空中就已经发生爆炸。对于这两种截然对立的说法,没有人能给出确切的回答。

2000年8月25日,海湾航空公司的一架A320客机坠入波斯湾,造成机上143人全数罹难。这架飞机上只有一位美国乘客,他就是时年31岁的福蒂。别看福蒂年纪轻轻,却是一位重要人物,

海湾航空公司所属的一架A320客机

2005年8月14日,在希腊首都雅典东北的马拉松附近,塞浦路斯赫利俄斯航空公司的一架波音737客机坠毁在荒山上,机上115名乘客和6名机组人员全部遇难。

他是美国97名外交信使中的一位,专门负责护送那些需要跨越国界传送的机密文件或者设备。据说福蒂随身携带的那个黄色小包,里边装的就是机密文件。为了找到这份机密文件,美国海军立刻派出船只赶赴事发现场进行打捞,还有当地的一艘带着10吨起重机的拖船也协助美国海军进行打捞。尽管这种打捞如同大海捞针一般,但美国人到底把那份机密文件从海底捞了上来。这个打捞小组还打捞出了失事飞机的"黑匣子",通过对"黑匣子"内的飞机失事前60秒钟的对话进行分析,有可能揭开飞机失事的真正原因。

然而,飞机失事的原因很可能来自诸多方面,不能完全凭借"黑匣子"。关于飞机失事前发动机是否着火,目击者说法不一。海湾航空公司的目击证人说,没有见到飞机有任何异常,而一名正在美国海军船上的目击证人说,他看见飞机在坠落前发动机着火了。海湾航空公司指挥塔台的负责人说,飞机当时飞得既不过高,也不过快,驾驶员在出事前也没有发出求救讯号。而巴林的一份报纸描述了失事飞机驾驶员与控制塔进行最后对话的细节。这篇报道说,飞机当时的飞行速度太快,由此导致空难的发生,如果驾驶员在做第一次着陆尝试时便降落,飞机将超出跑道。而经过两次尝试后,飞机的速度仍然太快,结果在进行小幅度转弯时失去控制,坠入海中。

2008年11月27日,新西兰航空公司一架空客A320型客机从法国南部城市佩皮尼昂起飞,完成了两小时的测试飞行后,便朝佩皮尼昂机场方向返航。当时,这架客机上搭载了7个人,3名新西兰航空公司的工程师、2名德国XL航空公司的飞行员、1名新西兰航空公司的飞行员和1名新西兰民航局的检查员。这架飞机为双引擎、单通道客机,载客量通常为150人左右,自2005年7月交付使用以来,迄今累计飞行大约7 000个小时。

就在这架飞机飞到佩皮尼昂附近海域上空时,它降低了飞行高度,似乎准备降落。突然,它既没有起火,也没出现任何异常现象,便向海面俯冲下去,猛然坠入地中海中,机上所有乘员全部遇难。这次空难发生得很蹊跷,失事原因迄今不明。

14. 死于空难的名人

对于曼联队的球迷来说，永远不会忘记慕尼黑空难。1958年2月10日，英格兰足球劲旅曼彻斯特联队在南斯拉夫参加欧洲冠军杯四分之一决赛，踢平了贝尔格莱德红星队，获得半决赛权。比赛结束后，曼联队乘609次航班回国，途中在慕尼黑降落，加油之后两次起飞都没有成功，机长詹姆士·泰恩第三度尝试起飞。结果，飞机因速度不足没有来得及爬升，就冲出跑道，先撞毁了机场围栏，又越过一条马路，左翼撞到附近的一间民房，机身断为两截，左边机身撞向一棵树，右边机身撞向一辆泊在营房里面装满了轮胎和燃料的卡车，随即发生爆炸。机上7名曼联球员、曼联球会秘书、主教练以及一名训练员当场罹难。当时年仅21岁、被誉为"英格兰明日之星"的球员邓肯·爱德华兹身负重伤，15天后不治身亡。为了纪念这个不幸事件，至今在老特拉福德球场还挂着一块纪念牌匾。

空难发生后，德国机场管理当局认为造成事故的主要原因是飞行技师没有在飞机起飞前为机翼完成除冰程序，后来证实，跑道末端的积雪才是导致意外发生的主要原因。厚厚的积雪使得即将起飞的飞机由时速217千米下降到194千米，未能达到起飞所需的速度，最终导致飞机冲出跑道撞毁。

1961年4月12日，加加林乘坐的"东方1号"载人宇宙飞船环绕地球轨道飞行成功，为苏联人赢得了太空竞赛的胜利。1968年3月27日，在莫斯科近郊，加加林和另一名飞行教官弗拉基米尔·谢廖金驾驶米格-15歼击机进行日常的飞行训练。据说，当天的气候条件很差，但他们两个人还是成功完成了飞行操作，然后向机场方向返回。就在这时候，地面塔台调度员与加加林的无线电通讯联系中断了，使用各种方法都无法与加加林取得联系，所有呼叫都得不到任何回应。很快，救援人员在一片积雪覆盖的丛林中找到了加加林的飞机残骸。加加林和谢廖金都已经死亡，尸体严重变形。据有关专家判断，这架飞机看来发生了不可能纠正的"俯冲"，飞行员似乎完全失去了对飞机的控制，结果酿成悲剧。噩耗传来，俄罗斯人悲痛万分。为了能看上一眼装有英雄骨灰的盒

加加林

空难及其他　151

子,数以千计的俄罗斯人宁肯排着队等上好几天。最后,加加林被埋葬在克里姆林宫的墙下,与斯大林等人长眠在一起。

1999年7月15日晚,美国总统约翰·肯尼迪唯一在世的儿子小约翰·肯尼迪驾驶着一架小型单引擎飞机,载着妻子卡罗琳和她的姐姐飞离新泽西州的一个小型机场,前往雅尼斯博特参加表弟的婚礼,飞机起飞后就再无音讯。事后查明,小约翰驾驶的飞机以每秒大约100英尺的速度坠落到海中,机上乘员全部遇难。小约翰的英年早逝令无数美国人一掬同情之泪。

小约翰十分热爱体育运动,渴望能够驾驶飞机飞上蓝天。为了参加飞行考试,他刻苦学习,遇到不懂的问题,就用左手潦草地写在草稿纸上,然后让妻子打印出来。当他买了自己的第一架飞机后,逢人就邀请对方乘坐他的飞机上天遨游。小约翰还喜欢冒险,经常乘滑翔伞在海恩尼斯港口的肯尼迪夏宫附近的海滩上起飞,在水面上飞行。他曾经下降到非常接近地面的高度,以至于邻居们都担心他会与建筑物相撞。有一天,他驾驶的动力滑翔伞坠落到地面上,把腿摔伤了。他拄着拐杖,用裹着石膏的腿跛行,还不忘记给人家讲笑话。

2001年8月26日,一架属于美国佛罗里达州天河公司的"赛斯纳"420小型飞机前往巴哈马群岛进行拍摄,飞机上乘坐了9个人,他们都来自美国的一个摄制组。拍摄任务完成后,他们又乘机返回美国的佛罗里达。就在飞机起飞时,由于在跑道末端冲出跑道而坠毁,飞机上的9个人中有7个人当场遇难,其中包括年仅22岁的美国当红女歌星埃莉雅。埃莉雅曾以《再试一次》获得美国音乐大奖——格莱美奖最佳节奏蓝调女歌手的提名。此外,埃莉雅在影坛也呈现出强劲的发展后劲。她曾与李连杰合演电影《致命的罗密欧》,备受好评。

2002年4月28日,俄罗斯克拉斯诺亚尔斯克边疆区行政长官亚历山大·列别德乘坐一架米-8直升机,前往阿巴坎镇附近的一座新建的高山滑雪场参加剪彩仪式。当时大雾弥漫,能见度非常差,当直升机飞到阿巴坎镇附近时,迎面撞上了湖边的一座电力塔,机身损毁严重,列别德及机上5名随员当场身亡。列别德曾经担任过驻摩尔多瓦德涅斯特河沿岸地区第14集团军司令。1991年8月,俄罗斯强硬派发动推翻戈尔巴乔夫总统的政变,命令列别德领导的伞兵部队包围叶利钦在莫斯科的住宅,列别德按兵不动。政变失败后,以叶利钦为首的改革派对列别德赞赏有加。1996年4月22日,列别德正式登记成为总统选举候选人,并在第一轮总统大选中得票数

埃莉雅

列别德

名列第三位,一时成为风云人物。

约翰·沃尔顿是全球最大的连锁零售商沃尔玛公司的继承人之一,在2005年《福布斯》杂志公布的世界富人排行榜中,他以182亿美元的身价名列第11位,与弟弟吉姆并列。沃尔顿有个最大的爱好,那就是驾机飞行,由此成为杰克逊机场的常客。他拥有一架自制的超轻型飞机,它有一个由汽油驱动的小发动机,机翼被类似重型帆布的织物包裹起来,看起来就像是一个大的飞机模型。有人猜测,这架飞机的机翼是一种新型材料制造的。2005年6月27日下午1时20分左右,沃尔顿驾驶着他那架超轻型私人飞机,从位于美国西部怀俄明州大提顿国家公园的杰克逊·霍尔机场起飞,没过多久就坠毁了,沃尔顿不幸身亡。

2007年9月15日,一架私人直升飞机在苏格兰的拉纳克郡坠毁,飞机上的四个人全部遇难。经过当地警方的证实,其中一人是世界著名车手、年仅39岁的科林·麦克雷,和麦克雷一起遇难的还有他5岁大的儿子。这起坠机事故发生在麦克雷家附近,直升飞机在坠入树林后燃起了大火。1995年,27岁的科林·麦克雷首次夺得世界拉力锦标赛的冠军,并且成为荣膺这一头衔的最年轻的车手。直到2002年离开世界拉力锦标赛的赛场时,麦克雷总共赢得了25个冠军头衔。

15.形形色色的空难

1960年12月16日,美国纽约城上空两架客机相撞坠落,并引起地上教堂等建筑发生火灾,机上127名乘客和36名机组人员全部死亡,只有一个11岁的男孩被抛出机舱后,掉在一个雪堆上幸免于难。另有5名地面人员因火灾而丧生。

1974年3月3日,土耳其航空公司DC10班机自巴黎飞往伦敦。起飞后仅几分钟,这架飞机就焚毁了,机上346名乘客和机组人员全部遇难。调查结果显示,造成这次空难的原因是飞机货舱舱门在半空中被吹开,引起飞机坠毁,机上的有些人是被气流吸出去的。

1979年5月25日,一架从芝加哥海尔机场起飞的DC-10型巨型三引擎喷气客

伊尔-18是苏联伊柳辛设计局设计的四发涡轮螺旋桨短程客机。1957年7月原型机首次试飞,1959年4月投入航线使用,到1969年已在苏联国内800条航线上使用。伊尔-18的主要型号有:伊尔-18基本型,载客84人;伊尔-18B标准型,载客110人;伊尔-18Д改进型,65个座位,为一级客舱标准。

空难及其他

机,突然失去左边引擎,随即着火爆炸坠毁,机上277名乘客和机组人员全部遇难。

1982年12月24日,中国民航兰州管理局的一架伊尔-18客机在广州白云机场着陆过程中起火,机上69人中25人死亡,37人受伤。经专家组调查,起火原因是机上旅客吸烟时,不慎将未熄灭的烟头扔进坐椅滑轨与机舱壁之间的空隙处,被气流吹到地板下,由于受到机内通风气流的助燃,最后酿成火灾。

1985年8月12日,日本航空公司一架波音747飞机由东京飞往大阪途中撞山坠落,机上505名乘客和19名机务人员遇难。据推测,失事原因是液压操作系统失灵,而导致失灵的原因是加压客舱与无加压的机身尾部之间的隔墙断裂。

1982年4月26日16时44分,从广州飞往桂林的广州民航局26号飞机(三叉戟)在桂林附近上空失事,104名乘客、8名机组人员全部遇难。如此惨重的空难事故,在共和国的民航史上尚属首次。

1999年2月24日,中国西南航空公司TY154M/B-2622号飞机执行成都至温州SZ4509航班任务时,在温州地区上空发生了飞机粉碎性解体事故,机上61人全部遇难,其中旅客50名,空勤人员11名。造成这起事故的原因,是由于飞机的升降舵操纵系统中错误地安装了不符合规定的自锁螺母,导致螺母旋出,连接螺栓脱落,飞机俯仰通道操作失效。

1996年11月12日,印度德里西北部75千米处的上空,突然爆发出两个大火团。原来是两架飞机在空中相撞了,机上351人全部遇难。当时负责地面指挥的管制员得知两架飞机将在上空同一区域相遇时,立即通过无线电通知空中的一架飞机调整航道,以避免两机相撞,但是由于没有使用规范的专业通讯用语,而且当时的无线电通讯信号受到干扰,飞行员误以为自己已经听明白了,没有再次核实,仍旧按照原来的高度飞行,结果致使两架飞机在空中相撞。

知识链接

世界上飞得最高的飞机

时至今日,世界上飞得最高的飞机要数"X—15A"试验机了。这架飞机既不是战斗机也不是客机,而是专门用来做研究工作的一架特殊的研究机。与普通飞机不同的是,它是以火箭为动力的。1961年7月,美国航空航天局的试飞员约瑟夫·沃尔克驾驶这架飞机飞到了95 936米的高空。1963年8月,他又驾驶着这架飞机飞到了108 000米的高空。这个高度是普通客机飞行高度的10倍,是普通战斗机飞行高度的5倍。因此,世界航空组织正式认定它是世界上飞得最高的飞机。

16. 飞行执照和飞行考试

世界上最早发放飞行执照的组织是法国飞行协会。有意思的是，当时没有进行正式考试，凡是在1909年12月末以前驾驶过飞机的人，就全部发给执照。

1910年1月1日，法国飞行协会公布了16名取得执照的人员名单，名单是按字母顺序排列的，每位飞行员的驾驶技术如何则不得

英国青年埃德·加德纳19岁时就获得了商业性飞机驾驶执照，并且在24小时之内成为泰坦航空公司的驾驶员，可以驾驶波音737型客机翱翔蓝天。他被认为是英国历史上最年轻的客机驾驶员。

而知。令人发笑的是，这张名单上把一些一次也没有驾机飞行过的人都列了上去，却没有法国第一位取得飞行成功者博瓦扎恩的名字。

据记载，最早进行的飞行考试是由英国皇家飞行协会于1990年组织进行的。其考试内容是这样的：应考的飞行员要驾驶驾机飞三圈，每一圈为4.8千米。一天之内飞行不得超过三次。在各次飞行的最后阶段，要在空中停止发动机。驾驶员必须在审查员指定地点45.7米以内处降落。

美国法律规定：14岁就可以单独驾驶滑翔机；16岁就可以单

17. 勇于冒险的小飞行员

独驾驶飞机。美国年纪最小的飞行员名叫亨德森。2007年10月10日，亨德森驾驶着一架轻型滑翔机，进行了首次单飞，而这一天刚好是他14岁的生日。亨德森的父亲和19岁的哥哥都是私人飞机驾驶员，他们住在加利福尼亚。亨德森在8岁时参加EAA的"青年之鹰"活动时就决心学习飞行，他从13岁起开始在机场接受飞行课程的学习，他计划在16岁生日时获得单引擎飞机陆地飞行执照。

1996年4月11日，一架赛斯纳177B型活塞式单发飞机在美国怀俄明州的夏延市郊外坠毁，机上的两位大人和一位小女孩全部遇难。令人吃惊的是，飞机的驾驶员竟然是那位只有7岁的小女孩，名叫杜布罗夫，两位遇难的大人分别是她的父亲和教练。杜布罗夫从小就喜欢飞行，她的驾驶座要用厚厚的垫子垫起来，才能适应她那小小的身材。这一天，她本来是要创造年龄最小驾驶飞机横越美国的纪录，但是她不幸失败了。这次空难在全球范围内引起了强烈的反响，《吉尼斯世界纪录大全》从此不再开辟"最年轻的飞机驾驶员"这一项目，他们担心这会鼓励孩子们冒险进行飞行。

空难及其他

© 李敏 2009

图书在版编目(CIP)数据

飞机与空中交通工具的故事 / 李敏主编. —大连：大连出版社，2009.7(2015.11 重印)

ISBN 978-7-80684-774-9

Ⅰ.飞… Ⅱ.李… Ⅲ.飞机—技术史—世界—普及读物 Ⅳ.V271-091

中国版本图书馆 CIP 数据核字(2009)第 099991 号

出 版 人：刘明辉
策划编辑：徐　斌
责任编辑：刘丽君
封面设计：林　洋
版式设计：英　伦
责任校对：于孝锋
责任印制：阎　骋

出版发行者：大连出版社
　　　地址：大连市西岗区长白街 10 号
　　　邮编：116011
　　　电话：0411-83620941
　　　传真：0411-83610391
　　　http://www.dlmpm.com
　　　E-mail：cbs@dl.gov.cn
印　刷　者：山东鸿君杰文化发展有限公司
经　销　者：各地新华书店

幅 面 尺 寸：180mm×230mm
印　　　张：10
字　　　数：250 千字
出 版 时 间：2009 年 7 月第 1 版
印 刷 时 间：2015 年 11 月第 4 次印刷
书　　　号：ISBN 978-7-80684-774-9
定　　　价：20.00 元